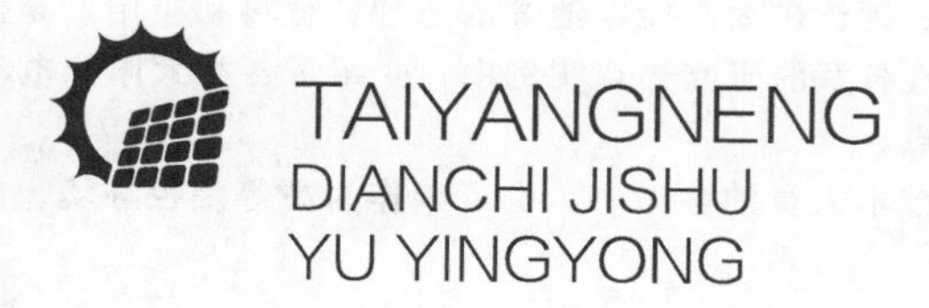

太阳能电池技术与应用

王鑫 编著

化学工业出版社
·北京·

内容简介

本书阐述了太阳能电池的基本概念、原理、制备方法及表征手段。书中详细论述了硅太阳能电池、染料敏化太阳能电池、钙钛矿太阳能电池等的原理、材料和应用，涵盖了光电性能测试、理论建模和机理探讨。在各章的研究热点实例中，介绍了各类太阳能电池实际应用中的研究方法、分析手段及创新点。

本书可作为太阳能电池设计技术人员的参考书，也可以作为高等院校环境、能源、化工等相关专业学生的教学用书。

图书在版编目（CIP）数据

太阳能电池技术与应用/王鑫编著. —北京：化学工业出版社，2022.8（2023.6重印）

ISBN 978-7-122-41364-2

Ⅰ.①太… Ⅱ.①王… Ⅲ.①太阳能电池 Ⅳ.①TM914.4

中国版本图书馆CIP数据核字（2022）第077555号

责任编辑：傅聪智 张 欣　　装帧设计：王晓宇

责任校对：边 涛

出版发行：化学工业出版社（北京市东城区青年湖南街13号 邮政编码100011）

印 装：北京科印技术咨询服务有限公司数码印刷分部

710mm×1000mm 1/16 印张9¾ 字数184千字 2023年6月北京第1版第3次印刷

购书咨询：010-64518888　　售后服务：010-64518899

网 址：http://www.cip.com.cn

凡购买本书，如有缺损质量问题，本社销售中心负责调换。

定 价：68.00元

前言

能源与环境是当今人类面临的最大难题和挑战，随着世界能源需求的急剧攀升，传统化石资源的不断耗竭，全球温室效应和环境污染的压力日趋严重，发展各种可再生绿色能源成为当今世界最主要的共性问题和研究热点。太阳能光电转化技术被认为是一种最有希望真正解决未来社会可再生能源和洁净环境问题的先进技术。

太阳能电池发展迄今共包含三代：第一代是硅基太阳能电池，它是目前最完美、最常用的太阳能电池，单晶硅电池的转化效率超过25％，多晶硅电池的转化效率超过22％；第二代是薄膜太阳能电池，其具有稳定、高效、价格低廉的特点，目前认证效率达到22.9％；第三代太阳能电池是目前研究最多的，包括染料敏化太阳能电池、有机太阳能电池、量子点太阳能电池及钙钛矿太阳能电池等，这些新型太阳能电池因其原材料丰富、成本低、灵活性好，引起了学者们的广泛关注，近年来取得了长足进步。

本书围绕光电化学及新型太阳能电池，以传统硅太阳能电池为出发点，到目前作为研究热点的钙钛矿太阳能电池为终点，主要介绍各类太阳能电池的发展历程、结构、工作原理、分类、改性、研究进展及应用。全书内容既考虑到传统产业电池，又兼顾最新科研院所、大专院校的科研成果。本书各章最后的应用实例模块是从每类电池的研究热点选题，详细介绍了研究方法、分析手段及创新点等内容，部分反映了我国在新型太阳能电池结构设计、合成方法和性能研究方面的研究进展。希望借助本书的出版，能使广大读者初步了解我国在新型太阳能电池领域的研究历史和现状、研究趋势、存在的问题及挑战，推动我国光电化学及新型太阳能电池研究的进步。本书适用于刚接触太阳能电池科学研究工作的本科生、研究生，可作为环境、能源类学科的入门级专业参考书。

本书得到黑龙江省自然科学基金（联合引导项目“能级匹配为导向的新型无机敏化剂复合太阳能电池的应用”）的资助，同时，感谢哈尔滨工业大学杨玉林教授课题组提供的科研条件及研究成果，对本书引用到的所有研究成果的科研工作者、化学工业出版社的责任编辑卓有成效的工作和付出表示衷心的感谢！

作者

2022年4月

目录

第1章

太阳能电池概况

20世纪70年代以来，世界范围内两次石油危机的爆发使人类意识到开发可再生能源的重要性。人类赖以生存的自然资源几乎全部来自太阳能，太阳能作为一种可持续利用的清洁能源，有着巨大的开发应用潜力。太阳能光伏发电技术的开发始于20世纪50年代。随着全球能源形势日趋紧张，太阳能光伏发电作为一种可持续的能源替代方式，于近年得到迅速发展（图1-1）。在全球4%的沙漠上安装太阳能光伏系统，就可以满足全球能源的需求。国际新能源发电目标是光伏发电在2040年占8%，2050年以后占11%。太阳能光伏享有广阔的发展空间（屋顶、建筑面、空地和沙漠等），发展潜力巨大[1-3]。

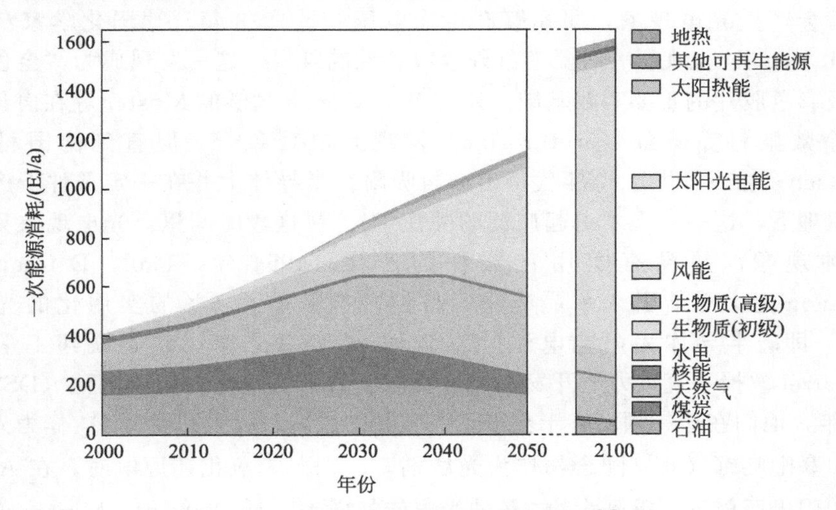

图1-1　21世纪全球能源消耗趋势图[1]

太阳能电池的研究根据其发展时间可分为四个阶段[4]：硅系太阳能电池（包括单晶、多晶和非晶硅太阳能电池）；化合物半导体电池、有机太阳能电池；染料敏化纳米晶太阳能电池（dye-sensitized solar cells，DSSCs，Grätzel型光电电池）和钙钛矿太阳能电池（Perovskite solar cells，PSCs）等新型太阳能电池。

硅系太阳能电池是目前应用最广泛、技术比较成熟的太阳能电池，但其成本仍居高不下，难以进一步提高它的光电转换效率。太阳能电池方面使用的半导体材料有砷化镓（GaAs）、硒化铟铜（$CuInSe_2$）、磷化铟（InP）和锑化镉（CdTe）[5]，它们具有与最佳禁带宽度 E_{gap} 相近的值（约 1.5eV）。但是，这些半导体材料的制备原料昂贵，且具有不宜大面积制备、毒性大等缺点，限制了它们的应用。作为一种新型电池，有机太阳能电池虽然具有柔性和成本低廉的优势，但是其转换效率和稳定性过低。染料敏化纳米晶太阳能电池是最近 30 年基于纳米技术发展起来的一种新型低成本太阳能电池。虽然其转换效率和稳定性有待提高，但是，该电池被誉为最有应用前景的太阳能电池之一，特别是在光伏产业中占有重要的一席之地[6]。介孔结构钙钛矿太阳能电池主要源于染料敏化太阳能电池，至 2019 年，PSCs 的光电转化效率已达到 25.2%[7]，显示了极高的发展应用潜力。

1.1 太阳能电池概述

1.1.1 太阳能电池发展历程

光电化学太阳能电池是根据光生电伏原理，将太阳能直接转换为电能的一种半导体光电器件。在 1839 年，E. Becquerel 等发现将氧化铜或卤化银涂在金属电极上就会产生光电现象，即能够产生光电压[8]。1873 年，德国化学家沃格尔（W. H. Vogel）发现了一种具有红外吸收特性的染料，这一发现成为“全色”胶片以及彩色胶片的重要实践基础。1887 年，Vienna 大学的 Moster 等在卤化银电极上涂敷染料赤藓红（erythrosine）发现光电现象[9]，但直到德国科学家 Tributsch 等在 20 世纪 60 年代得出染料吸附在半导体上并在一定条件下产生电流的机理后，这一发现才引起广泛的关注[10]。在这段时间里，光电现象只是作为一种现象，并没有实用化器件的产生。1954 年，Paul，D. Chapin 和 G. Peanon 把 PN 结引入单晶硅中，得到转换效率为 6% 的实用化的光电器件[11]，即硅半导体太阳能电池。20 世纪 80 年代以来，瑞士联邦工学院的 M. Grätzel 教授一直致力于开发一种价格低廉的染料敏化太阳能电池（DSSCs）。1991 年，他们在这一领域终于获得了突破性的进展，以多孔膜 TiO_2 作为光阳极材料，联吡啶钌（Ⅱ）配合物作为光敏剂，I^-/I_3^- 为氧化还原电对，在 AM1.5 模拟太阳光照射下，得到大约 7%的光电转换效率[12]。2009 年，Miyasaka 课题组将 $CH_3NH_3Pb_3$ 和 $CH_3NH_3PbBr_3$ 代替染料敏化剂运用到 DSSC 中，由此，产生了进化版的钙钛矿太阳能电池[13]。

1.1.2 太阳能电池的基本原理

太阳能电池是通过吸收太阳光，利用光电效应将光能直接或间接地转化为电能的装置，因其环保易获得的特点，逐渐受到全世界研究者和开发者的广泛关注，太阳能为代表的可再生能源未来可能会取代传统的化石能源。

光照使不均匀半导体或半导体与金属结合的不同部位之间产生电位差的现象叫作光伏效应，在半导体的PN结、晶粒界面、半导体界面等处，由于准费米能级不同，会存在内建电场，当光入射后，产生的空穴和电子会在内建电场的作用下向相反方向漂移，空穴向正极方向移动，电子向负极方向移动，因而在两个电极之间形成电势差，继而形成光电流，如图1-2所示。一般来说，电子选择层是一种对于电子有较高传输速率，对空穴有较低传输速率的材料，这样的材料一般称为N型半导体材料。同理，空穴选择层一般是对空穴有较高传输速率的P型半导体材料。从能带角度分析，电子向空穴传输层注入时的能垒较高，从而起到了阻挡电子的作用，同理空穴向电子传输层注入时的势垒也较高。正是器件内部各个材料之间形成的能级梯度及内建电场，保证了电子和空穴沿着各自的传输路径进入外电路[14]。

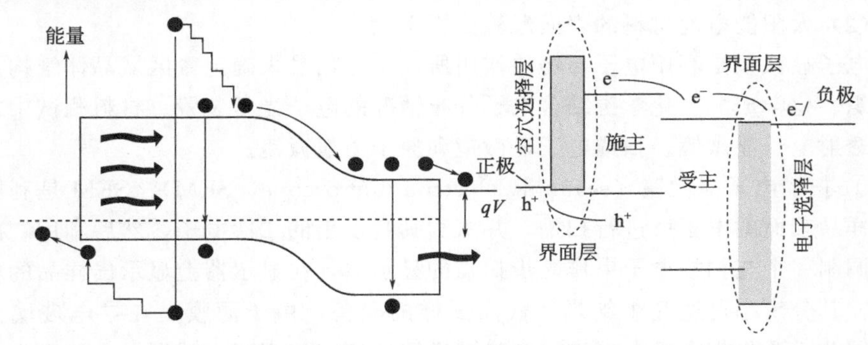

图1-2 半导体内部光生载流子能带模型及太阳能电池器件结构图[14]

1.1.3 太阳能电池的主要性能参数

太阳能电池的输出特性：光电流工作谱反映了电极在各波长处的光电转换情况，它反映了电极的光电转换能力。一般用光伏性能测试来评价器件的性能好坏。通过线性扫描伏安法，将电池在氙灯（模拟太阳光）照射下，用电化学工作站测试电流-电压曲线（即 J-V 曲线）。从曲线上能得到以下重要的性能参数[15]。

① 短路光电流（J_{sc}）：电路处于短路时的电流。

② 开路光电压（V_{oc}）：电路处于开路时的电压。

③ 填充因子（FF）：电池具有最大输出功率（P_{opt}）时的电流（J_{opt}）和电压（V_{opt}）的乘积与 J_{sc} 和 V_{oc} 乘积的比值：

$$FF=P_{opt}/(J_{sc}\times V_{oc})=(J_{opt}\times V_{opt})/(J_{sc}\times V_{oc})$$

④ 光电转换效率（η）：电池的最大输出功率 P_{opt} 与输入功率（P_{in}）的比值。

$$\eta=P_{opt}/P_{in}=(FF\times J_{sc}\times V_{oc})/P_{in}$$

1.1.4 太阳能电池材料的主要表征方法

（1）太阳能电池材料的物相结构分析手段

① X 射线衍射分析　利用 X 射线衍射（X-ray diffraction，XRD）做物相分析，收集入射和衍射 X 射线的角度位置及强度分布信息，确定样品的点阵类型、点阵常数、晶体取向、缺陷和应力等一系列有关的材料结构信息。当 X 射线射入粉末样品时，如果样品结晶良好，那么在晶体内存在周期性变化点阵结构，而这些格点上的原子会对 X 射线产生散射，而这些散射会在特定的方向上产生衍射（Bragg 衍射）。

② 拉曼光谱分析　拉曼光谱（Raman spectroscopy）是一种基于拉曼散射效应，分析物质的散射光谱，进而获得分子振动、转动等方面的测试手段。通过对比拉曼峰的大小、强度以及形态来判断物质的化学键和官能团。

（2）太阳能电池材料的表面形貌分析手段

电子显微镜是利用电子与物质作用所产生的信号来确定微区域晶体结构、微细组织、化学成分、化学键结合电子分布情况的电子光学装置。材料测试中常用的有透射电子显微镜、扫描电子显微镜和原子力显微镜。

① 扫描电子显微镜（scanning electron microscope，SEM）　SEM 是利用聚焦在样品表面的电子束进行扫描，并探测其激发出的二次电子，然后利用二次电子来调制一个与扫描电子束作同步扫描的显示器，在显示器上显示出样品的相应图像，其分辨率可达几个纳米。截面试样的准备：由于薄膜是在导电玻璃上制备，因此需要将带有导电玻璃的薄膜试样用玻璃刀切割开，并用导电胶固定，由于膜层的导电性能较差，需要对试样进行喷金处理。

② 透射电子显微镜（transmission electron microscopy，TEM）　TEM 是材料科学研究的重要手段，能提供极微细材料的组织结构、晶体结构和化学成分等方面的信息。高分辨型透射电镜，可以进行高分辨图像观察，位错组态分析；第二相和析出相结构、形态、分布分析；晶体位向关系测定等。电荷耦合器件（CCD）相机可以实现透射电子图像的数字化。能谱仪及能量损失谱仪可以获得材料微区的成分信息。

③ 原子力显微镜（atomic force microscopy，AFM）　AFM 是通过一个微弱力敏感探针与样品相互作用变形研究固体材料表面结构的分析手段。原子力显微镜的操作模式分为三大类型：接触模式（contact mode）、非接触模式（non-contact mode）和轻敲模式（tapping mode）。

（3）太阳能电池材料的组分含量分析手段

① X 射线光电子能谱（X-ray photoelectron spectroscopy，XPS）　XPS 是表面化学常用的分析手段，它所探测的光电子是内层电子，主要分析表面元素组

成、化学状态、分子中原子周围的电子密度，特别是原子价态以及表面原子电子云和能级结构方面。

② 能谱（energy dispersive spectrometer，EDS） 能谱仪是与扫描电子显微镜联合使用检测的仪器，主要用于分析材料表面元素分布，进而给出样品成分定性和定量分析的数据。图 1-3 显示的是杂多酸 $SiW_{11}Ni$ 负载 TiO_2 的元素分析。

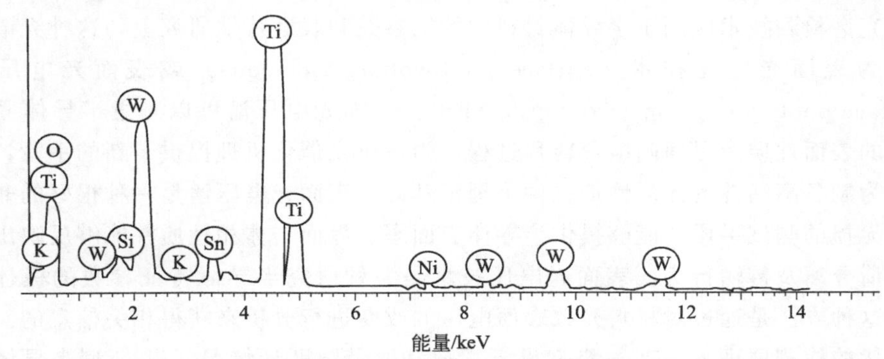

图 1-3 杂多酸 $SiW_{11}Ni$ 负载 TiO_2 的元素分析图

（4）太阳能电池材料可见光活性机理的验证手段

虽然氧化钛光活性剂的市场仍在进一步扩大，但是还有一些技术上的问题需要解决。譬如，光生电子和空穴对的转移速度慢，复合率高，导致光催化量子效率低以及 TiO_2 在使用过程中重复利用率低等问题。由于 TiO_2 具有较宽的带隙，而应用最多的锐钛矿相 TiO_2 的带隙为 3.2eV，光催化所需入射光最大波长为 387nm，吸收波长阈值在紫外光区，因此只能用紫外光活化，太阳光利用率低。如何有效地使用太阳光作为光源是影响 TiO_2 广泛应用的一个最重要的问题，因为太阳光中只有大约 5%的紫外光，大部分为可见光。因此，如果将 TiO_2 的光学吸收边从紫外区移到可见光区，将会极大地提高该材料利用太阳光进行光催化反应的效率。降低 TiO_2 粒径可以有效地缩短光生载流子向颗粒表面迁移的时间，大大地降低了载流子在体相中的复合概率；同时，粒径的减小也使其比表面积增大，相当于增大了活性位数目，因此会加快光反应界面中载流子的转移速率。这些会在一定程度上提高光催化效率，但随着粒径的减小也会产生负面效应，即表面上氧化还原位置距离逐渐减少，载流子在表面上的复合概率相应增大，相对于界面转移速率，复合的速率也增大，所以不能仅仅依靠粒径的不断减小来达到无限提高光催化效率的目的。

目前，对可见光活性机理的实验验证手段主要有：表面光电压/光电流谱、交流阻抗谱、瞬态光谱等。

① 表面光电压谱（SPS） 随着纳米材料科学与技术的发展，人们越来越希望在分子或原子水平上对电子的运动进行控制，实现光激发和载流子的产生、传

输、收集等过程的调节，从而达到分子设计、形态控制、功能开发等目的，而这些都依赖于对半导体光生载流子的产生、分离、转移以及复合等动力学过程的认识。因此，研究光生电荷在纳米半导体材料表界面分离等动力学行为具有重要的科学与实际意义[16-18]。

表面光电压是固体表面的光生伏特效应，是光致电子跃迁的结果。这一效应作为光谱检测技术应用于半导体材料的特征参数和表面特性研究上，这种光谱技术称为表面光电压技术（surface photovoltaic technique）或表面光电压谱（surface photovoltage spectroscopy，SPS）。表面光电压谱可以测量半导体固体材料的表面性质及界面间电荷转移过程，为探讨光催化机理提供了新的手段，同时也为制备高活性的光活性剂提供了理论基础。表面光电压谱是一种很好的非接触、无损的测试手段，能够提供半导体表面态、界面与体相性质并能够反映出光生电荷分离及传输行为。表面光电压技术是一种研究半导体特征参数的极佳途径，这种方法是通过对材料光致表面电压的改变进行分析来获得相关信息的。表面光伏的检测原理主要有：带-带跃迁情况和亚带隙跃迁情况。以 N 型半导体为例，当形成金属-绝缘体-半导体夹层结构（MIS 结构）时，金属与半导体的能带结构如图 1-4（a）所示。

当 MIS 结构连通时，电子将从金属流向半导体中，会在金属表面产生负电荷，而在半导体表面形成带正电的空间电荷层，这些负电荷在绝缘层和半导体表面层内产生指向半导体表面的电场，能级要向下降低，使得半导体表面能带向上弯曲，热平衡下，费米能级保持定值；随着向表面接近，价带顶逐渐移近费米能级，价带中空穴浓度随之增加，同时半导体内部的费米能级相对于金属的费米能级要下降。如图 1-4（b）所示。

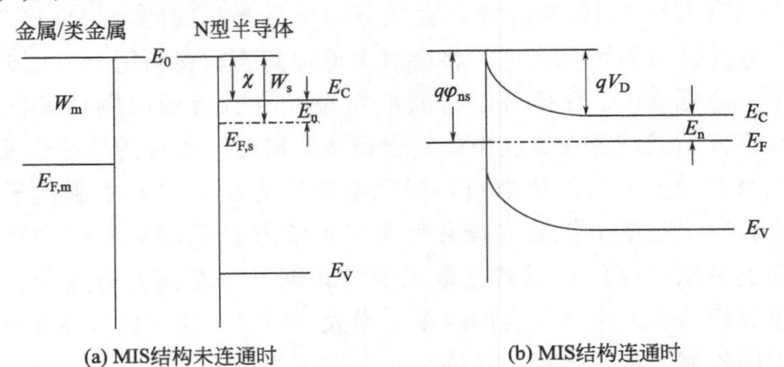

图 1-4　N 型半导体形成 MIS 结构具有 Schottky 势垒的带弯

E_0—真空中静止电子的能量；W_m—金属功函数；W_s—半导体功函数；$E_{F,m}$—金属费米能级；$E_{F,s}$—半导体费米能级；E_n—费米能级至导带底的距离；χ—半导体电子亲合势；φ_{ns}—表面势（费米能级和本征费米能级之间的电势差）；V_D—外加栅压；E_C—导带；E_F—费米能级；E_V—价带因此进行表面光伏信号检测时检测的就是这个 δV_s（带弯的变化值），而单独获得 δV_s 很难，因此双面金属夹层型的 MIS 结构被设计出来进行 δV_s 信号的输出（左侧势垒与右侧势垒的差值）。结构如图 1-5 所示。因此实验室测试表面光伏信号时采用了这种双面接触的 MIS 结构进行测试，并且将上表面金属利用 FTO 玻璃这种类金属透明导电玻璃替代，从而通过测试上下表面的电势差获得所需要的表面光电压信号。对于 N 型半导体来说，当光照时其带弯下降（$E_C \to E'_C$），而当外电场为正向时，其带弯进一步下降（$E'_C \to E''_C$）。

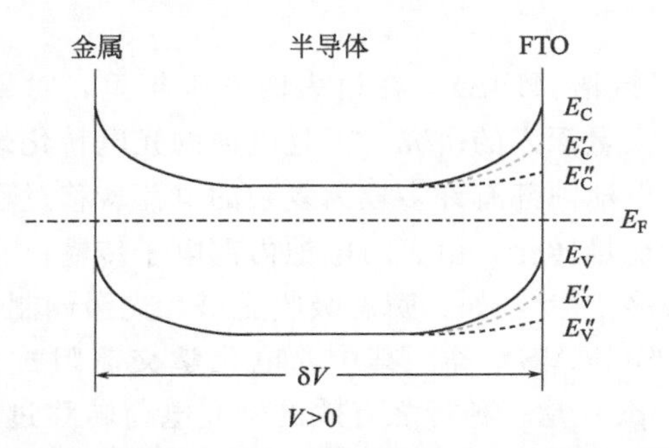

图 1-5 双面 MIS 结构表面势垒高度（V_s）的变化示意图

上角′表示光照；上角″表示光照＋偏压

表面光伏技术测量系统是自组建的，实验装置如图 1-6 所示，可以用来进行表面光电压的测试。

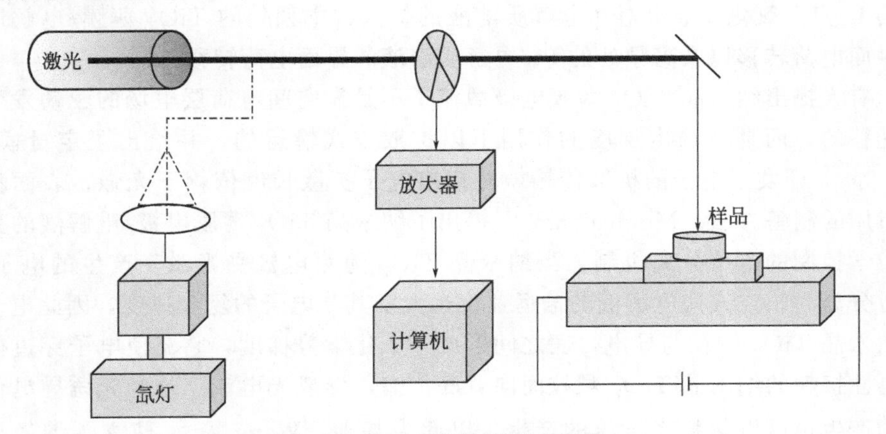

图 1-6 表面光伏技术测量系统

它的构成是：光源为 500W 氙灯，使用双石英棱镜单色仪（HILGER & WATTS D-300）进行分光，入口和出口狭缝为各为 1mm，使用 Stanford 斩波器（Model SR540）调制光束，调制频率为 20～70Hz；得到的单色光经石英透镜聚焦后反射到样品池中。激发样品产生的光电信号由锁相放大器（Model

SR830-DSP）放大，计算机以与单色仪的分光同步的速度，从放大器采集数据。光谱分辨率为 1nm。实验中同样可以用单色光作为激发光源，经斩波器调制后照射在样品上，这样简化了光源为将来的实际应用提供了可能。

表面光电压源于半导体材料表面（空间电荷区）和本体（中间区）之间的光生载流子在自建电场作用下的分离，其值大小取决于材料表面净电荷的变化，所以它能够反映样品在激发态时光生载流子的各种信息，如载流子的分离与复合的程度等。SPS 是一种光作用光谱，信号响应基础是对光的吸收，所以它也能够反映样品的光学特性。

② 电化学交流阻抗谱（EIS） 在过去的三十年里，对染料敏化 TiO_2 纳米太阳能电池已经做了大量深入的研究，但是电池的光电转化效率并没有很大的提高，这主要是因为在电池内部有许多较为复杂的电荷转移过程，它们相互作用共同影响了电池内部的能量转化，由于对电池内部电子传输过程机理的研究并不完善，研究方法也有很多[19-21]，如：瞬态吸收光谱，光强调制的光电压谱/光强调制的光电流谱（IMPS/IMVS）等。其中，电化学交流阻抗谱（electrochemical impedance spectroscopy）是一种行之有效的研究电荷转移过程的方法[22]，通过这种测试手段可以研究染料敏化 TiO_2 纳米太阳能电池的在较宽范围的电化学过程以及内部电阻，并结合适当的等效电路和数学物理模型，对电池进行阻抗分析，找到影响电池高效的主要原因，对电池的优化具有重要的意义。一般认为染料敏化 TiO_2 纳米太阳能电池的典型的交流阻抗谱由几个部分组成：分别是低频处的 I^-/I_3^- 氧化还原电对在电解质溶液的扩散、中频处的 TiO_2 薄膜/电解质溶液界面电荷转移以及高频处的 Pt/电解质溶液的界面电荷转移。

有人提出纳米晶 TiO_2 薄膜电极载流子不是靠空间电荷层电场的驱动发生定向迁移的，而是在浓度梯度的作用下以扩散方式输运的，并给出了定量模型。Cao 等[23]证实了电子的扩散传输，并指出电子扩散长度依赖于光强、表面特性及所用的制备方法。Moghaddam[24]提出了纳米晶 TiO_2 薄膜电极/电解液的界面动力学控制的电荷分离机制：当纳米晶 TiO_2 薄膜电极受光激发产生的电子-空穴对分离时，空穴向电解液的输运速度远大于其与电子的复合速度，因此电子会在纳米晶 TiO_2 颗粒与导电衬底之间形成一个化学势梯度，它驱使电子穿过彼此有电性接触的纳米晶 TiO_2 颗粒而向背底传输，形成光电流。这种光诱导电化学势的产生也可以解释光电压的产生。以此为基础，Wang 等[25]建立了纳米晶电极的光化学响应模型。

纳米晶 TiO_2 薄膜电极的大比表面积使得表面态的作用更为明显。Liberatore[26]提出复合反应速度常数与染料敏化纳米晶 TiO_2 薄膜电极开路光电压的动力学的关系，认为通过表面态的电子复合反应速度常数增大会使电极的光电压下降。Bagherzadeh、Pettit、Weller、Eichberger[27-29]先后提出电子扩散的跳跃机制、隧穿机制和捕获、解离机制，认为表面态有利于电子的传输和电极的光电转换。Grätzel[30]用闪光光解及光电化学方法研究了导带中 Ti^{3+} 表面态在中介纳米晶 TiO_2 薄膜电极/电解液界面电荷传输中的重要作用。

以上研究表明，纳米晶 TiO_2 薄膜电极的光生载流子受纳米晶 TiO_2 颗粒/电解液的界面动力学控制而实现分离，受扩散控制的传输机制以及不可忽视的表面态作用而使它产生与体相材料电极不同的光电性能和光电转换动力学过程。具体实例详见第 3 章。

③ 瞬态光谱（TPV） 在对太阳能电池动力学的研究中，常运用表面光伏，它是一种半导体的光伏效应，是光生电子-空穴对的空间分离的结果。常规稳态光伏通常无法直接给出光生电荷的动力学信息。一些低频技术（一般在 10mHz～1000Hz）如光强调制的光电流谱、阻抗谱等只能提供关于微观过程的时间和空间的平均宏观参数。但是，光学实验本身却不能直接给出关于光生电荷空间分离的信息。而光伏技术则弥补了这一缺陷，它是一个局部灵敏的技术，可以用来研究电荷的空间分离，瞬态表面光伏的研究可以直接给出光生电荷分离的动力学信息。它可以在功能材料或半导体器件瞬态光伏的研究中得到如下信息：电子和空穴的扩散常数、光生电荷的捕获和释放时间、载流子的寿命、电荷的传输机理等光生电荷的性质，以及半导体及其器件的表面与界面的电子结构等信息[31-33]。

在测试中所使用的光源为一脉冲 YAG：Nd 激光器，其脉冲半宽度为 5ns，基频为 1064nm，通过倍频晶体可分别得到 532nm、355nm、266nm 的光。在测试过程中，激光的光强可以通过渐变圆形中性滤光片（光密度渐变范围：OD0～OD3）进行调节。激光通过衰减后入射至样品池，样品池由具有良好屏蔽电磁噪声的材料制成。样品池的被测信号通过一具有 100MΩ 的输入阻抗、1kΩ 输出阻抗的放大器进入 500MHz 的数字示波器（TDS 5054，Tektronix）进行检测记录。数字示波器由一快速光电倍增管进行同步触发得到脉冲激光激发下的响应，即为 TPV 信号。

(5) 太阳能电池材料的电化学性能测试

太阳能电池电极的电流-电位特征是光电池的重要特性，它取决于电极材料的氧化还原能级、传输介质中氧化还原电对的电势以及半导体的导带能级。循环伏安法作为一种重要的电化学分析方法被广泛应用于化学研究的众多领域中。

通过控制电极电势的速率，以三角波形去反复扫描，在电极上交替出现氧化和还原反应，记录的电势和电流曲线，即循环伏安测试的原理。通过循环伏安法可以验证电极氧化还原的可逆程度、氧化还原反应的可能性，并且计算样品分子的最高占有轨道能级（highest occupied molecular orbital，HOMO）和最低非占有轨道能级（lowest unoccupied molecular orbital，LUMO）。

如图 1-7 所示，采用常规三电极系统：以铂片电极为工作电极，铂丝为辅助电极，Ag/AgCl（饱和 KCl）为参考电极，所有电位都相对于此参考电极测定。电极每次使用前，分别在绒布上抛光至镜面光滑，超声波清洗 1min，超纯水淋洗备用。实验前，实验用溶液需通入高纯氮气 15min 除去氧气，并在氮气保持下进行。利用 CHI 电化学工作站的检测模块收集数据。

根据循环伏安法测得的过渡金属配合物的还原电位可以计算得到配合物的相对能带值，从而判断敏化剂与 TiO_2 的能带的匹配性。

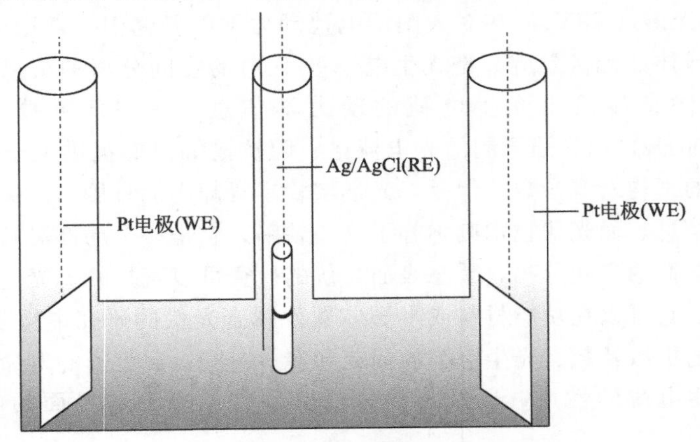

图 1-7　循环伏安性质测试电解池

1.2　太阳能电池的种类

太阳能电池发展迄今为止包含三代太阳能电池：①第一代是硅基太阳能电池，它是目前最完美、最常用的太阳能电池，单晶硅电池的转化效率超过 25%，多晶硅电池的转化效率也超过 22%。②薄膜太阳能电池作为第二代太阳能电池，具有稳定、高效、价格低廉的特点，目前认证效率达到 22.9%。③第三代太阳能电池也是目前研究最多的太阳能电池，包括有机太阳能电池和染料敏化太阳能电池，因其原材料丰富、成本低、灵活性好，引起了学者们的广泛关注，发展迅速。然而，到目前为止，这两种太阳能电池的最大效率还没有超过 20%，这是因为它们无法战胜稳定性差和制作复杂等问题。因此，在染料敏化太阳能电池制作技术的基础上，演化发展了一种全新的，具有高转换效率的新型钙钛矿太阳能电池（PSCs）[34]。PSCs 是一种具有吸光材料且电子和空穴传输的新型太阳能电池。2009 年，自从 PSCs 获得了 3.8%的光电转换效率[35]以后，全球的研究学者们对 PSCs 在光伏产业的应用展开了近十年的深入探索，经美国国家可再生能源实验室权威认证，PSCs 的能量转换效率至今已达到了 25.2%。太阳能电池种类及优缺点比较见表 1-1。

表 1-1 太阳能电池种类及优缺点比较

太阳能电池种类	最高转换效率/%	优点	缺点
单晶硅电池	24.7±0.5	效率高、技术成熟	成本高
多晶硅电池	20.3±0.5	转换效率高、技术成熟	成本较高
非晶硅薄膜电池	14.5±0.7	工艺简单、成本低廉	稳定性差
多晶硅薄膜电池	16.6±0.4	成本低、稳定性好、转换效率高	生产工艺需要优化
铜铟镓硒(CIGS)薄膜电池	19.5±0.6	稳定性好、转换效率高、工艺流程简单	铟和硒比较稀有、材料来源缺乏
硫化镉(CdS)、碲化镉(CdTe)电池	16.5±0.5	成本低、易于大规模生产、效率较高	镉有剧毒，会造成污染

1.2.1 单晶硅及多晶硅太阳能电池

晶硅太阳能电池作为一种半导体器件[36]，相比较其他太阳能电池而言，具有诸多优点：原材料为硅，储量丰富且易得；生产工艺完备，光电转换效率高，市场稳定；安全性高且性能稳定。图 1-8 是晶硅太阳能电池的简易结构模型图。

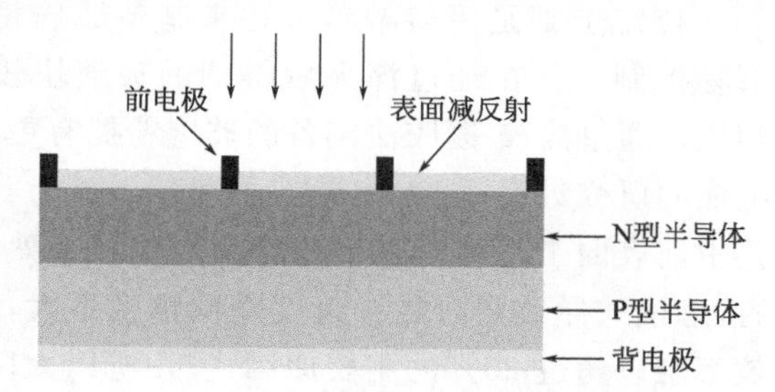

图 1-8 晶硅太阳能电池的结构模型图

(1) 晶硅太阳能电池的分类

晶硅太阳能电池主要分成单晶硅太阳能电池、多晶硅太阳能电池和非晶硅薄膜太阳能电池。①单晶硅太阳能电池以纯度高达 99.999%的单晶硅棒为原材料，在生产太阳能电池片时要在干净的硅片上掺杂硼、磷等Ⅲ、Ⅴ族元素并在高温扩散炉中进行扩散以形成 PN 结，再利用丝网印刷技术在硅片表面制备出栅线并涂上减反射层，最后经过封装与测试就制成了完整的太阳能电池器件。②多晶硅太阳能电池，在实际生产时所采用的制造工艺与单晶硅电池相类似，但是其硅材料来源要宽广得多，总生产成本也比较低，但由于多晶硅内部存在大量的晶粒边界与缺陷，其效率要比单晶硅太阳能电池低。③非晶硅薄膜太阳能电池，其吸光层——氢化非晶硅（a-Si∶H，约含有 10%的键合氢）可以很容易地掺杂成为 P 型和 N 型，构成同质结。由于低的载流子寿命和迁移率，光生载流子不能很好地被收集，所以非晶硅薄膜太阳能电池需要包含一个以漂移为主的区域，以改善载流子的收集，这就是著名的P-I-N三明治结构，其中I代表本征层（intrinsic layer），因为本征层的掺杂浓度很低，所以电场将在本征层扩展。

（2）晶硅太阳能电池银浆的研究进展

晶硅太阳能电池主要是依靠正电极来收集电流，所以正电极对太阳能电池转换效率具有很大的影响，而正电极材料主要是银电子浆料。晶硅太阳能电池用正银浆料是由银粉（导电相）、玻璃粉（黏结相）和有机载体（承载介质）构成，其中导电相占浆料的80%～90%，玻璃粉占2%～5%。玻璃粉决定了银栅线和硅基底之间的黏结性以及能否产生良好的欧姆接触，而有机载体的好坏则体现在浆料的印刷上，一般占总比重的5%～15%[37]。虽然当前国产银浆料全球市场占有率可达40%，但中国银浆料市场仍被美国DUPOND、德国HERAEUS和韩国SAMSUNG三家公司占据，国内银电子浆料主要依赖于进口。

虽然玻璃粉在银浆料中的含量只占2%～5%，但它却是银浆料的重要组成部分。Bi基玻璃粉是最有效的替代品对象[38]。Jeon等研究了在银浆中使用无铅玻璃粉，并报道了在前接触银浆中无铅玻璃粉的前接触金属化[39]。当使用平均粒径小的玻璃粉时，制作的多晶硅太阳能电池往往具有更高的填充因子（FF）和光电转换效率（η）。传统上都是用熔融淬火法来制备玻璃粉，然而该方法耗费能源，化学成分不易控制，且在经过淬火后得到的玻璃块较硬，难以粉碎细化。与熔融淬火法相比，通过溶胶-凝胶法制备的玻璃粉拥有更明显的优势。

（3）高效晶硅电池的研究进展

太阳能电池工艺中前表面工艺和镀膜工艺均相对比较成熟，效率提升有限。而背场全金属/硅的接触模式导致背面复合速度降低幅度不大，背表面接触电阻较大是太阳能电池效率难以超过20%的主要原因[40]，所以太阳能电池高效背场的制备一直是研究的热点问题。相比其他高效硅基太阳能电池结构，PERC电池仅需增加背钝化及激光开线两道工艺，成本增加较低但效率却显著提升，成为现阶段高效电池产业化研究的热点。

下面介绍几种高效晶硅电池结构。

① PERL（passivated emitter and rear locally-diffused，钝化发射极背部局域扩散）电池

1990年，新南威尔士大学的J. Zhao[41]在PERC电池结构和工艺的基础上，在电池背面的接触孔处采用了BBr_3进行局部扩散制备出PERL电池。2001年，PERL电池实验室光电转化效率达到24.7%[42]，接近理论值，光修正后效率达到25%，几乎是迄今为止报道的晶硅电池最高纪录。但是，局部硼背场的制备一直以来未找到工业化的途径，电池制备成本昂贵，这些都限制了PERL电池的产业化进程。

② HIT（hetero-junction with intrinsic thin-layer，异质结）电池

HIT 电池是由日本松下公司于 1992 年推出的一种硅单晶异质结太阳能电池。以 N 型基体为例，中间为基体 N 型晶体 Si，光照侧是 P-I 型 a-Si 膜，背面侧是 I-N 型 a-Si 膜，在两侧的顶层溅射 TCO 膜，电极丝印在 TCO 膜上，构成具有对称型结构的 HIT 太阳能电池[43]。经过不断优化，2013 年 2 月，松下公司在面积为 101.8cm^2、厚度仅为 98μm 的双面 HIT 太阳能电池上成功获得了 24.7%的转换效率[44]。

③ IBC（interdigitated back contact，全电极背接触晶体硅）电池

1975 年，Schwartz 和 Lammert 第一次提出了 IBC 结构[45]，IBC 电池是一种具有叉指形状的背结和背接触太阳能电池。该电池结构的特点如下：第一，IBC 电池前表面没有布置栅线，背面正负电极呈现叉指状的方式排列，减少了 6%的遮光损失[46]；第二，背面利用扩散法做成 P^+ 和 N^+ 交错间隔的方式形成电极的高掺杂区，通过在氧化硅钝化膜上开孔，实现金属电极与发射区或基区的点接触连接；第三，由于背接触结构，IBC 电池的串联电阻低于传统电池，具有高的填充因子[47]。2014 年，Sunpower 公司制备出的新型 IBC 电池打破了原有的电池记录，电池效率达到了 25.0%[48]。此外，还有高效前结背接触太阳能电池即 MWT（metal wrap through，金属电极绕通）电池及 EWT（emitter wrap through，发射极电极绕通）电池，PERC 电池，N 型双面电池，异结点连接背结点（HBC）电池等诸多电池结构。

1.2.2 多元化合物太阳能电池

多元化合物薄膜太阳能电池的光吸收层主要包括Ⅲ-Ⅴ族化合物（砷化镓 GaAs、磷化铟 InP）、Ⅱ-Ⅵ族化合物（碲化镉 CdTe）、铜铟镓硒（CIGS）与Ⅰ-Ⅱ-Ⅳ-Ⅵ族化合物（铜锌锡硫 CZTS）。

半导体的种类多种多样，比如有元素半导体、无机和有机化合物半导体以及非晶态半导体等。在这里我们列举一些应用研究较多的：一元的Ⅳ族元素半导体，如 Ge、Si；二元的有Ⅲ-Ⅴ族以及Ⅱ-Ⅵ族的大部分化合物半导体，比如说 GaAs、ZnO 以及 CdTe 等；三元的Ⅰ-Ⅲ-Ⅵ和Ⅱ-Ⅳ-Ⅴ类半导体，如 $CuGaS_2$、$CuInSe_2$ 等。其中 $CuInSe_2$ 已经在商业应用上取得了非常成功的效果，是新一代薄膜太阳能电池吸收层的主要材料。四元的 Cu_2ZnSnS_4 类化合物半导体，它们的各组成元素在地壳中的含量非常丰富（分别为：Cu 50μg/g；Zn 75μg/g；Sn 2.2μg/g；S 260μg/g），同时兼具有廉价、无毒、带隙大小合适、直接带隙、光吸收系数高（大于 $104cm^{-1}$）等优良特点，逐渐引起了人们的关注，目前的最高效率已经达到 11.1%[49]。二维层状半导体，如 MoS_2 和 BN 等，不同于传统的材料，二维材料是原子级别的纳米材料，许多性能都发生了革命性的突破，更能够满足未来科技对于高集成度和高精细度的苛刻要求。除此以外，还有很多

的合金半导体，是由几种同类的半导体利用同族元素的混合法形成的，一般来说，它们的成分基本都是能够进行连续调节的。合金半导体大体上可以分为两种，其中第一种是同价元素的替换，比如说 $ZnSe_{1-x}S_x$；第二种就是在保持总的化合价不变的情况下，把其中的一种元素替换为其他两种元素，比如说 $(CuIn)_xZn_{1-x}S_2$，此式中 Cu 和 In 的平均化合价与 Zn 相同。合金中各金属的含量可以连续调节，进而能够达到性能最优化；而半导体带隙是间断的，如果半导体参数也能实现连续调节，则会极大地丰富半导体的种类，前景可观。

$Cu(In,Ga)Se_2$（CIGS）、$CuInSe_2$（CIS）、Cu_2ZnSnS_4（CZTS）薄膜太阳能电池具有高转换效率、长期可靠性，成为当今具有代表性的太阳能电池。位于吸收层与窗口层之间的缓冲层可以改善 PN 结界面特性，降低晶格失配，减少界面复合。达到高转换效率的 CIGS 太阳能电池中的缓冲层往往采用了硫化镉（CdS）[50,51]。但是 CdS 含有毒元素 Cd，Cd 被列为联合国提出的 12 种危险化学物质的首位，并且 CdS 的带隙宽度是 2.4eV（对应 520nm 波长），则波长小于 520nm 的短波光不能进入吸收层，而这部分光大约占整个太阳能光谱的 24%，导致影响对短波光的吸收利用[52-54]。新无 Cd 缓冲层材料包括：ZnO、In_2S_3、(Zn,Mg)O、InSe、ZnSe、ZnS 等[55-58]。在这些可选择的材料中，ZnS 非常有应用前景，具备宽带隙，且无毒环保、成本低廉、原料丰富的优势[59,60]。其宽带隙有利于短波光进入吸收层，有利于改善太阳能电池的蓝光响应和器件性能[61]。异质结太阳能电池的性能与界面特性非常相关，ZnS 与 CIGS、CZTS 吸收层有良好的晶格匹配性[62]。

薄膜的制备方法主要有以下几种：

(1) 化学沉积法（chemical bath deposition，CBD）

日本的 Nakada 在 $ZnSO_4$（作为锌源）、氨水（为缓冲剂）和硫脲 [$(NH_2)_2CS$，为硫源] 的混合溶液里沉积 ZnS，制备的以其为缓冲层的铜铟镓硒太阳能电池的光电转换效率为 18.6%[63]。Ampong 等[64]采用酸性条件化学浴法沉积了 ZnS、CdS 及其三元合金薄膜。该薄膜电荷迁移率高，并且薄膜特性与结构成分有着良好的对应关系。CBD 法的优点是工艺简单、成本低，但其与温度、浓度、酸碱度均相关。一旦反应速度过快，有可能生成粉状沉淀附着在样品表面，影响薄膜继续生长和成膜质量。

(2) 化学气相沉积（chemical vapor deposition，CVD）

Lee 等于 300～500℃反应温度和前驱物气体分压约 2×10^{-5} Torr（1Torr＝133.322Pa）的反应条件下，用单一前驱物 $Zn[S_2CN(CH_3)_2]$ 提供 Zn 源和 S 源，在不同衬底表面沉积了（111）晶面方向择优生长的硫化锌膜[65]。CVD 法的优点是能准确控制组分、可在复杂特定形状的衬底表面形成薄膜、产物结晶性好，但通常需提供高温条件以发生化学反应，这对衬底材料会有限制。

(3) 真空热蒸发（thermal evaporation）

Beer等在硫化氢气氛中，加热蒸发置于Mo舟中的硫化锌陶瓷粉末，通过控制$CS(NH_2)_2$热分解温度而控制硫化氢含量，结果显示H_2S气氛有利于ZnS薄膜提高结晶性[66]。孙秀菊等于基底温度200℃的实验条件下，得到了高质量的ZnS薄膜以制成MgF_2/ZnS双层减反射膜[67]。真空蒸发法要注意真空度需足够高，否则材料可能会被污染，并且易损失蒸发粒子的能量。还需注意防止蒸发器皿材料混入镀膜源材料而形成杂质。

(4) 脉冲激光沉积（pulsed laser deposition，PLD）

Wang等用PLD法在多孔硅上沉积ZnS膜，衬底温度为200～400℃，观察到了该ZnS膜的白光发射，有望应用于全色平面显示器[68]。PLD法有适用材料范围广、薄膜与靶材成分一致性好的优点，但其较强的方向性特点导致其难以大面积沉积以及难以应用于大规模实际生产。

(5) 磁控溅射（magnetron sputtering，MS）

Gayou等采用射频电场磁控溅射法溅射ZnS陶瓷靶，以砷化镓为衬底沉积了ZnS膜[69]。Wakeham等采用锰掺杂的锌靶在硫化氢气氛中进行反应溅射，得到ZnS：Mn荧光薄膜并用于场致发光器件，并发现激光局部退火可增强ZnS：Mn荧光层的场致发光特性[70]。磁控溅射法也具有适用材料范围广、薄膜与靶材成分一致性好的优点，同时还具有可大面积沉积、工艺可控性及可重复性好、利于实际生产、薄膜致密、与衬底附着力强的优势。

四元化合物半导体$CuIn_xGa_{1-x}Se_2$（CIGS）薄膜电池是最具代表性的薄膜太阳能电池[71]，其能隙可通过In、Ga成分比例的变化而达到太阳能电池的理想带隙，电池转换效率可达到21.7%[72]。但是CIGS组成元素中的In、Ga是贵金属元素，不利于其发展前景。四元硫化物Cu_2ZnSnS_4（CZTS）中以Zn、Sn代替了In、Ga，其所有组成元素都储量丰富，CZTS成本低廉且无毒环保，其带隙与电池理想带隙恰恰十分接近，无需通过调节成分比例来调节带隙，并且其在可见光范围吸收系数大，是薄膜太阳能电池吸收层的新型候选材料，理论上CZTS太阳能电池的光电转换效率可达32.3%。

1.2.3 有机/聚合物太阳能电池

有机/聚合物太阳能电池近年来发展很快，其中有机给体材料是研究的热点。与已经实现产业化的无机硅太阳能电池类似，有机太阳能电池也是一种高效、环保的新型光电转化器件。不同的是，有机太阳能电池的应用前景更为广泛，这主要得益于其具备柔性、质量轻、成本低等优点，让其能够比无机硅太阳能电池更便于实现柔性器件的制备，使有机太阳能电池制备成的光伏器件能更好地应用到日常生活中。

利用有机材料（共轭聚合物或有机共轭小分子）将光子转化为电子进而检测到电流在很长一段时间都是理论上的，1986年，Tang[73]利用酞菁铜还有四羧基此两种物质，率先成功制备了吸光层为双层结构的有机太阳能电池器件，光电转换效率（PCE）只有1%。1995年，Heeger组[74]在双层膜的基础上首次提出体异质结（bulk hetero junction，BHJ）结构有机光电器件，运用MEH-PPV：PC6iBM活性层，以氧化铟锡（ITO）和金属钙（Ca）做电极，实现最佳光电效率（PCE）为2.9%，开创了有机太阳能电池使用体异质结结构作为活性层的新纪元。所谓体异质结，就是将电子给受体进行物理混合形成互穿网状结构增大了互相的接触面积，材料吸收光子产生的激子在给受体界面分离，利用给受体能级差形成的电势能进行有效分离，提高了激子分离、传输的效率。

体异质结（BHJ）有机太阳能电池的器件结构见图1-9，它由玻璃基底、ITO阳极、有机活性层、阴极修饰层、金属阴极组成。通常阳极由铟锡氧化物导电玻璃（ITO）充当，PEDOT：PSS旋涂在ITO上作为空穴传输层，其作用是改善ITO电极的界面性质及功函数。金属Al或者其他高功函数的金属作为电池的阴极，金属阴极上一般会镀上一层约20nm厚的Ca或LiF作为电子传输层，其作用是调节阴极材料功函数。两个电极之间夹着活性层，活性层是由给电子体材料（D）和电子受体材料（A）通过旋涂的方式共混制作完成的。给电子体材料分为小分子和聚合物材料，两类材料各有优缺点，受体材料用的最多的是富勒烯的衍生物（PC61BM、PC71BM）。

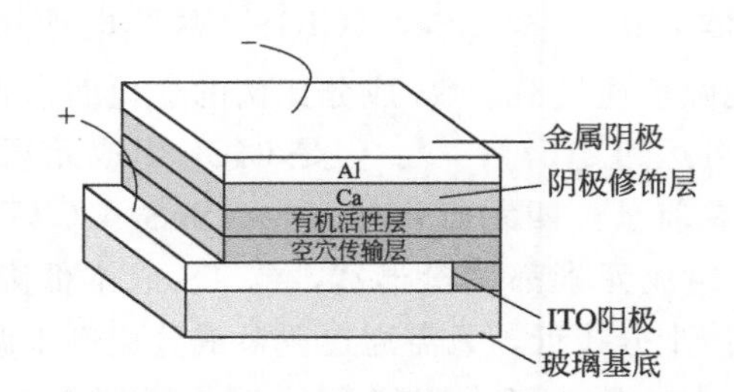

图1-9　体异质结有机太阳能电池的器件结构

BHJ电池的电荷产生及转移过程，分为以下四个步骤：

① 活性层吸收光子产生激子：光线透过透明的ITO导电玻璃照射到活性层上，给体材料吸收光子，如果吸收光子的能量大于给体材料的禁带宽度 E_g 就会产生激子，激子是一种束缚态形式的电子-空穴对。

② 激子扩散：由于扩散运动激子发生移动，部分激子可以移动到给受体材料（D-A）的界面。

③ 电荷分离：在D-A界面，激子受到内部电场的作用分离成电子和空穴。

④ 电荷传输及收集：由于电极的功函数不同，正负电极间有电场作用，

电子-空穴在有机材料中传输，电子向阴极聚集，空穴向阳极聚集，形成了光电流。

D-A 型共轭聚合物和 A-D-A 型有机共轭小分子是有机给体材料中最具代表性的两类材料。它们的设计、合成及其光电性能的调控是目前有机太阳能电池领域研究的重点及焦点之一。D-A 型聚合物分子由一个富电子单元作为给体（D）和一个吸电子单元作为受体（A）组成。这类化合物采用单双键交替的共轭结构，—D—A—和—D^+—A^-之间能产生共振作用，使单键具有更多双键的性质。由于 D 和 A 的共轭，改变了分子的键能，进一步改变了分子的能级和带隙。体异质结（BHJ）有机太阳能电池近几年发展很快，电池的能量转化效率突飞猛进，很重要的一个原因就是活性层材料基本上都采用了指定光谱范围内具有给体-受体（D-A）结构的材料，实现了材料间的组装。目前基于聚合物 D-A 给体材料的单层器件的能量转化效率最高已经达到 10.7%。A-D-A 型有机共轭小分子太阳能电池给体材料也得到快速发展。

A-D-A 型有机小分子可以看作是两个 A 共用一个 D 的 D-A 结构，这种结构也有利于光电流的产生。基于此类有机小分子材料的太阳能电池能量转化效率也达到 10.08%。A-D-A 型小分子给体材料由中心给电子单元 D 和两个端基吸电子单元 A 组成。在该类分子结构中，D 和 A 之间往往引入低聚噻吩或者其他的共轭芳环作为 π 共轭桥构筑 A-π-D-π-A 型有机共轭小分子。常用的中心给电子单元（D）主要有噻吩、苯并二噻吩（BDT）、噻咯并二噻吩（DTS）、环戊二烯并二噻吩（DTC）、硅芴（SFL）、芴（FL）、咔唑（CZ）等。

通过对掺杂聚乙炔的金属导电性的发现，Heeger、MacDiarmid 和 Shirakawa[75]三位科学家一举冲破了人们对聚合物绝缘的固有认识，在 1977 年开启了聚合物作为导电材料的新纪元。之后大量的 D-A 新型聚合物材料被设计并合成出来[76]。在 2015 年之前大量的研究都集中在制备窄带隙聚合物上，以获得和富勒烯能级匹配以保证高的开路电压（V_{oc}），又能有宽阔吸收范围的聚合物以保证高的短路电流（J_{sc}）。其中早期的聚合物分子聚-3-己基噻吩（P3HT）[77]受到了大量的关注，堪称研究最为透彻的聚合物材料[78]。2007 年，Young 等[79]制备了第一块聚合物叠层电池器件，该电子把 P3HT 以及 PCPDTBT 两种聚合物给体分别与 PC71BM 混合制备活性层材料，两种聚合物存在互补的吸收，PCE 值达 6.5%。2010 年，Yu 等[80]制备了结构 ITO/PEDOT：PSS/BHJ/Ca/Al 的光电效率达到 7%。

苯［1,2-b：4,5-b′］并二噻吩（BDT）是目前为止构筑高效给体材料最常用的结构单元之一，它具有适中的给电子能力、良好的平面刚性以及可侧链修饰性等优点[75]。2009 年，Hou 等第一次报道了含 R-TH 侧链的 BDT 二维聚合物，当以 PCBM 为受体时该材料的 PCE 为 5.66%[81]。Li 等在噻吩并噻吩单元上引入 F 原子，进一步对聚合物进行结构优化，得到聚合物 12（PTB7-Th），使得单层器件结构中效率超过了 10%[82]。目前，大多数的有机/聚合物太阳能电池将研究重点放到合成聚合物材料并应用到钙钛矿太阳能电池中，具体研究进展详见第 4 章钙钛矿太阳能电池。

1.2.4 染料敏化太阳能电池

染料敏化太阳能电池的历史可以追溯到 20 世纪 70 年代之前，然而当时的效率一直无法达到一个较高的数值，如 1976 年报道的 DSSC 利用 ZnO 作为光阳极其效率仅为 1.5%[83]。直到 1991 年瑞典科学家 Michael Grätzel 把多孔 TiO_2 薄膜引入到 DSSC 使得电池效率达到 7.12%，此工作通常被认为是 DSSC 的创新里程碑[12]。

（1）光阳极的研究进展

多孔 TiO_2 电极的使用是 1991 年 DSSC 效率突破的重点，其高比表面积可以支持足够多染料的单层吸附。虽然如 ZnO、SnO_2 和 Nb_2O_5 等阳极材料都被研究过，但是目前为止最高的效率纪录仍然是由 TiO_2 保持。其中光阳极材料的研究主要集中在以下几个方面：新型光阳极材料的开发；光阳极微/纳米结构的调控；光阳极的界面修饰及体相掺杂；复合光阳极的制备。而在随后的 10 年中 DSSC 发展进入瓶颈期，仅在 2001 年 Asahi 等[84]报道用非金属 N 替换 TiO_2 使得电池效率略有突破达到 10.4%。①掺杂改性主要分为非金属元素掺杂和金属离子掺杂。其中非金属掺杂主要选用第二周期非金属元素如 B、C、N、F 等。金属离子的掺杂也是材料改性的常用手段之一，如 Mg、Sn、Zn 等以及稀土元素。Liu Qiuping[85]采用不同用量的 $Mg(NO_3)_2 \cdot 6H_2O$ 修饰 TiO_2，使得电池的短路电流有不同程度的提高，最终得到 7.12%的最优效率，比空白电池效率提高了 26.7%。Mohammadi[86]采用 $ZnCl_2$ 制备了不同掺杂含量的 Zn 掺杂 TiO_2，并组装了电池，得到了 6.58%的光电转换效率。Lin Yuan 等[87]选用了六种不同的 Sn 源制备 Sn 掺杂 TiO_2 粉体以筛选出最佳的掺杂选择，结果表明四甲基锡和四丁基锡掺杂后的电池效率最优，分别达到 8.55%和 8.66%。而后效率每提高一个百分点都具有很大的难度。②除了直接对 TiO_2 进行掺杂改性之外，很多文献把工作集中在对纳米粒子进行复合及表面的修饰。三维结构的 TiO_2 纳米结构逐渐发展起来，被用来提高光的散射作用，例如，纳米纤维、纳米管阵列、微米的中空球以及聚合物等。Song 等[88]报道合成了海胆状的纳米颗粒，并将其作为光阳极应用到了敏化太阳能电池中，使得电池效率有所提升。Mohammadi 课题组[86]成功地通过控制相分离，合成了具有分层结构的碳纳米管（CNT）并将其引入到了 TiO_2 基的染料敏化太阳能电池光阳极中，结果表明，CNT 修饰后的电池具有较低的总电阻，实现了电池效率的最大化。③寻找合适的光阳极改性材料成为提高电池效率的又一研究方向。作为量子点敏化太阳能电池材料的化合物主要有金属硫化物半导体（CdS）、硒化镉（CdSe）、硫化铅（PbS）和 CdS/CdSe。④与此同时对纳米粒子进行核壳结构的构筑也成为改善其性能的一种重要方法。其中 SiO_2、Al_2O_3 和 ZnO 等材料的应用最广泛。Zhang Xintong[89] 采用 Al_2O_3 包覆 TiO_2 构筑了核壳结构，并采用了 P-CuI 制备了固态染料敏化太阳能电池并使得电池性能从 1.94% 提高到 2.59%。Hong Quangle[90] 采用 ZnO 包覆 TiO_2 构筑了核壳结构，使得短路电流从 4.2mA/cm^2 提高到 5.2mA/cm^2，开路电压从 0.6V 提高到 0.8V。研究人员认为 ZnO 包覆促进激子对的分离，并抑制复合。

（2）对电极的研究进展

在染料敏化太阳能电池体系中，对电极同时承担了氧化还原电对再生的催化剂及外电路电子的收集体两个功能。①Pt 基材料对电极。1991 年 Grätzel 教授选用 Pt 作为电极，由于其优良的电催化活性、导电性以及高电导率迅速成为染料敏化太阳能电池最常用的对电极材料。Choi 等[91] 通过控制 Pt 前驱体热分解的加热速率制备了不同形貌的 Pt 纳米粒子，并发现升温速率是决定 Pt 纳米粒子形貌的敏感参数，进而能够进一步影响 Pt 纳米粒子的催化活性。通过较慢的升温速率（低于 1.2℃/min）可以在 FTO 玻璃基片上形成密集分布的、尺寸均一的 Pt 纳米粒子，并且这时 Pt 电极具有最高的活性，最终 DSSC 效率达到 9.30%。②C 基材料对电极。从成本控制的角度来看，高昂的成本和有限的储量使得 Pt 不适合作为对电极催化剂。为了解决这个问题，许多低成本的无铂材料已经被报道出来。碳材料作为 Pt 对电极的替代材料，开创了对电极发展的一个新时代。碳材料之所以能够用来作为对电极材料主要是因为其具有低的薄层电阻，高的催化活性、耐腐蚀及成本低的优点。石墨烯是已知的世上最薄、最坚硬的纳米材料，它几乎是完全透明的，常温下其电子迁移率超过 15000cm^2/(V·s)，又比纳米碳管或硅晶体高，而电阻率只约 $10^{-8}\Omega \cdot cm$，比铜或银更低，为电阻率最小的材料。Aksay 等[92] 利用石墨烯作为 DSSC 的对电极，并且发现 C/O 比例能够显著影响其催化活性。当 C/O 比接近 13 时，催化性能达到最高，并且组装的 DSSC 显示出了 5.0% 的光电转换效率，非常接近 Pt 作为对电极的效率 5.5%。③导电聚合物材料对电极。导电聚合物是具有电子给体能力的有机半导体，DSSC 电池上常用的有 PEDOT/PSS、聚吡咯（polypyrrole，PPy）和聚苯胺（polyaniline，PANI）等。Pringle 等[93] 在 ITO/PEN 柔性基底上利用了电沉积技术沉积上一层 PEDOT 薄膜。结果表明在很短的沉积时间（5s）就足够使得透明 PEDOT 薄膜组装的 DSSC 电池具有高效率。利用 PEDOT 对电极和有机电解液制备出的 DSSC 电池效率达到 8.0%。He 等[94] 制备了纳米结构的聚苯胺对电极，利用 PANI 对电极组装的 DSSC 效率达到 5.57%，与 Pt 对电极组装的

DSSC效率（6.00%）很接近。④金属化合物及其复合材料对电极。过渡金属碳化物和氮化物（TMC和TMN）已经被证明具有类Pt催化剂行为和性质。自从2009年以来一些金属化合物就已经被应用到DSSC中来替代昂贵的Pt对电极。这些金属化合物主要包括碳化物、氮化物、硫化物、氧化物、磷化物、硒化物和碲化物。这里主要介绍碳化物、氧化物。Ma课题组[95]将碳化钨和碳化钼引入到DSSC中作为对电极催化剂。应用WC和Mo_2C对电极的DSSC效率分别为5.35%和5.70%。与碳化物类似，V_2O_3、ZrO_2、Nb_2O_5、Cr_2O_3、MoO_2、TaO_x、RuO_2、WO_3和SnO_2都曾经作为对电极材料应用在DSSC中。研究开发新的低能耗合成方法将会是金属化合物对电极的一个发展方向。

（3）敏化剂的研究进展

1991年，钌基化合物染料被引入到DSSC中，器件的光电转换性能达到了7.1%。2005年，Nazeeruddin课题组[96]首次报道了一个新的染料N719，其结构与N3相似，通过优化后效率达到11.18%，并且结合DFT-TDDFT理论计算研究了DSSC中的理论过程。N749是一种黑色染料，组装电池后的光电转化效率达到了10.4%（如图1-10所示）[97]。而后的5年中电池效率记录基本维持在11%左右。如2010年卟啉染料的利用使得电池效率达到11%[98]。同年，有报道研究了敏化剂吸附问题并进一步优化电池得到11.5%的效率[99]。2011年通过卟啉基敏化剂的设计与优化使得电池效率突破12%达到12.29%[100]。2014年的文献报道基于新型卟啉敏化剂及钴电解液的DSSC效率达到13%，这是迄今为止DSSC的效率记录[101]。传统意义上的敏化剂，包括无机钌染料、非金属有机染料、量子点敏化剂、钙钛矿型敏化剂以及天然染料敏化剂。对有机染料、量子点敏化剂、钙钛矿型敏化剂以及天然染料的应用已经成为替代昂贵并且稀有的钌基染料的可行方案，这些敏化剂具有成本低、容易制备和环境友好等优点。

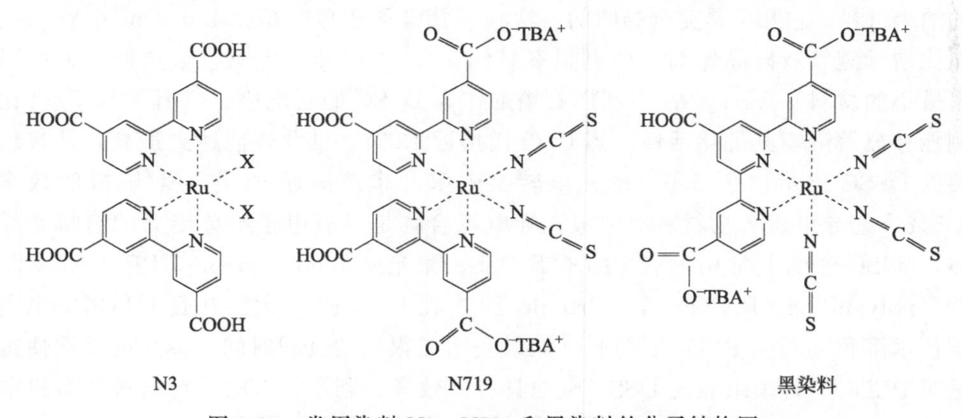

图1-10　常用染料N3、N719和黑染料的分子结构图

(4) 电解液的研究进展

电解质主要包含液体电解质、凝胶或聚合物电解质、离子液体电解质以及固态电解质。Liu 等[102]采用 $Li(CF_3SO_2)_2N$ 和 TBP 的乙腈溶液来修饰 D102 工作电极，采用聚（3-己基噻吩）固态电解质组装成固态电池，发现处理后的电池的性能提高了 60 多倍。固态电解液虽然在一定程度上有效缓解了液态电解液易挥发以及易泄漏的缺点。2012 年，赵连成等[103]报道了一例高效的基于准固态电解质的染料敏化太阳能电池，得到了 9.1%的光电转化效率。到目前为止，液态电解质是最常用的电解质，它主要是由有机溶剂（乙腈、三甲氧基丙腈、碳酸酯类等）、氧化还原电对（最常用的是 I^-/I_3^-）和添加剂（锂盐、4-叔丁基吡啶等）三部分组成的。2007 年，Hagfeldt 课题组[104]将卤素的氧化还原电对 I^-/IBr_2^- 和 I^-/I_2Br^- 作为电解质，获得了 6.4%的光电转化效率。2011 年，Yella 等[105]采用无碘的电解液 Co(Ⅱ)/Co(Ⅲ)，其光电转化效率达到了 12.3%。

1.2.5 钙钛矿太阳能电池

钙钛矿太阳能电池主要是以钙钛矿晶型的有机金属卤化物（ABX_3，$A=CH_3NH_3^+$，$NH_2{-}CH_2{=}NH_2^+$；$B=Pb^{2+}$，Sn^{2+}；$X=Cl$，Br，I）为吸光材料的薄膜太阳能电池。由于该材料具有优越的光电响应特性，日本学者 Kojima 等[106]首次于 2006 年用该材料作为光伏器件的吸光剂制作太阳能光伏器件，虽然电池仅获得 2%的光电转化效率，但是开创性地发现这种材料的吸光能力是普通吸光剂的 10 倍，在太阳能电池中具有非常大的应用潜力。3 年后，Kojima 等[107]将该材料与 N719 一起敏化 TiO_2 纳米晶制备染料敏化太阳能电池，首次报道的效率为 3.8%，由于材料在电解液中快速分解导致电池表现出较差的稳定性，因此钙钛矿电池仍没有引起人们的广泛关注。直到 2012 年，韩国学者 Park[108]将一种有机小分子（2,2′,7,7′-四[*N*,*N*-二(4-甲氧基苯基)氨基]-9,9′-螺二芴，简称 spiro-OMeTAD）用作空穴传输材料，首次制成全固态薄膜太阳能电池，突破性地取得了 9.7%的光电转化效率，而且电池稳定性也得到了极大的改善。自此，这种新型薄膜电池的科学研究进入了快速发展的状态，各国科学家纷纷聚焦于钙钛矿太阳能电池的制备和光伏性能优化。2019 年由韩国化学技术研究所[109]实现了 25.2%的效率，并且有望实现商业化应用。

钙钛矿电池主要包括透明导电玻璃电极（FTO、ITO 等）、电子传输层（TiO_2、ZnO、CBM 等）、钙钛矿光吸收层（$CH_3NH_3PbI_3$ 等）、空穴传输层（Spiro-OMeTAD、PEDOT：PSS、PTAA 等）和金属电极（Au、Ag 等）五个部分。

作为钙钛矿太阳能电池核心吸光层，可以通过碘化铅（PbI_2）与碘化甲胺（CH_3NH_3I）原位反应生成，固相法、气相法、液相法均可得到钙钛矿晶体。钙钛矿的溶液制备法根据前驱溶液的成分、生成钙钛矿的方式不同分为一步旋涂法、两步连续溶液沉积法和改进的两步连续溶液沉积法。钙钛矿电池在染料敏化电池的基础上发展而来，所以最初的钙钛矿制备方法是先合成出液态的钙钛矿量子点，通过简单的一步旋涂法就得到了钙钛矿吸光层［图 1-11（a）］。Grätzel[110]在一步旋涂法的基础上改进得到两步连续溶液沉积法［图 1-11（b）］：将 PbI_2 通过加热溶解于 DMF 溶液中，通过简单旋涂得到含有 PbI_2 薄膜的基底，将上述基底浸润在含有 CH_3NH_2I 的异丙醇溶液中，经过几十秒后取出，并在一定温度下加热退火，通过除去多余的残留溶液就完成了 PbI_2 向钙钛矿的转变。所得钙钛矿形貌为规则的立方结构，晶体质量明显提升，薄膜覆盖程度也得到了大幅提升。戴松元课题组[111]在两步法制备钙钛矿的过程中，将适量1-甲基-2-吡咯烷酮（NMP）和二甲基乙酰胺（DMAC），与二甲基亚砜（DMSO）混合，发现 PbI_2 中的 Pb 可以与上述物质配位，形成 $PbI_2(DMSO)_x$、$PbI_2(NMP)_x$、$PbI_2(DMAC)_x$ 物质，通过优化上述溶剂的比例，可以获得不同形貌和结晶度的钙钛矿薄膜。为提高电池的光电转换效率，Snaith 等[112]采用了气相沉积法［图 1-11（c）］：利用真空蒸发装置，在真空状态下，将氯化铅（$PbCl_2$）和 CH_3NH_2I 进行混蒸，之后混合蒸气在基底上逐渐沉积，就得到了钙钛矿薄膜，所制备的器件效率达到了 15.4%。这种方法制备的钙钛矿薄膜均匀、致密，晶体缺陷极少，能够实现大面积制备。之后又有学者开发了闪蒸的方法，将钙钛矿粉末作为蒸发源，利用较大的电流，瞬间蒸镀 200nm 厚度的钙钛矿薄膜。

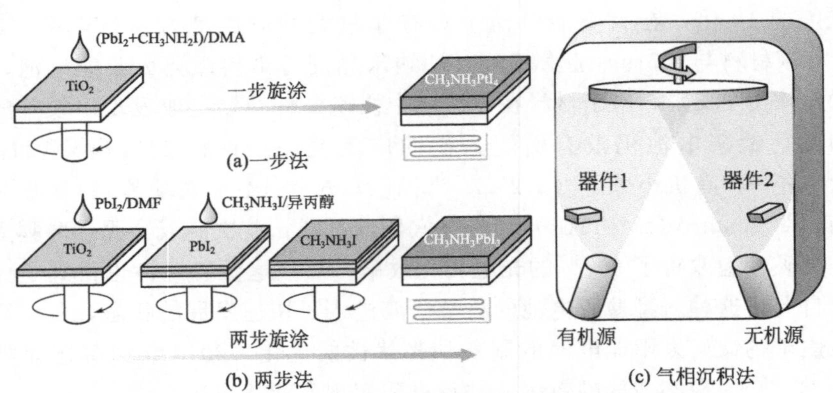

图 1-11　一步法、两步法、气相沉积法制备钙钛矿示意图

用含氮、硫、氧等杂环供体的添加剂提高钙钛矿吸光层的薄膜质量是提高电池光电性能的重要途径之一。王涛等[113]在两步法制备钙钛矿的过程中添加三甲基氯化铵，有效降低钙钛矿中的晶界密度和缺陷态密度，增加了载流子寿命，并抑制其复合，实现了 20.9%的效率。含氮杂环物质由于具有丰富的电子，可以与未配位的 Pb^{2+} 离子结合，Zhang 等[114]首次报道了含氮、硫元素的 2-吡啶硫

脲通过配位作用与 PbI_2 结合，制备出均匀、连续且致密的钙钛矿薄膜，又利用两种噻二唑衍生物（1,3,4-噻二唑烷-2-硫酮和 1,3,4-噻二唑烷-2,5-二硫酮，TDZDT），同样是含有氮、硫元素的五元杂环材料，添加到钙钛矿前驱体中调节钙钛矿晶体的生长，获得了效率为 19.04％的电池，并且在湿热条件下具有良好的稳定性。

空穴传输层、电子传输层研究进展详见第四章钙钛矿太阳能电池。

1.2.6 其他新型太阳能电池

太阳能电池经过了几十年的发展目前已经取得了长足的进步，美国可再生能源实验室（NREL）将 1975 年至 2020 年的 PSCs 能量转换效率绘成趋势图，其中所列出的数据均为经认证后的最高效率[82]。太阳能光伏发电产业投资分析报告中总结了最新的科研成果（见表 1-2）。其中，CZTSSe 为铜锌锡硫化合物薄膜电池，CIGS 是 $CuIn_xGa_{1-x}Se_2$ 太阳能薄膜电池。

表 1-2　不同电池的能量转换效率一览表[115]

电池种类	课题组	转换效率
钙钛矿与硅串联电池(整体)	HZB(德国亥姆霍兹柏林材料与能源中心)	29.1％
钙钛矿电池	Korea Univ(高丽大学)	25.2％
钙钛矿与 CIGS 串联电池(整体)	HZB	24.2％
有机电池(各种种类)	SJTU-UMass(上海交通大学太阳能研究所)	17.4％
量子点电池(各种种类)	Univ. of Queensland(澳大利亚昆士兰大学)	16.6％
有机串联电池	ICCAS(中国科学院化学研究所)	14.2％
无机电池(CZTSSe)	IBM	12.6％
染料敏化电池	EPFL(瑞士洛桑联邦理工学院)	12.3％

1.3 太阳能电池产业概况

在当今能源短缺的现状下，各国都加紧了发展光伏的步伐。美国提出“太阳能先导计划”意在降低太阳能光伏发电的成本，使其 2015 年达到商业化竞争的水平；日本也提出了在 2020 年达到 28GW 的光伏发电总量；欧洲光伏协会提出了“Set for 2020”规划，计划在 2020 年让光伏发电做到商业化竞争。在发展低碳经济的大背景下，各国政府对光伏发电的认可度逐渐提高。

中国也不甘落后，2019 年全国新增光伏发电装机 3011 万千瓦，同比下降 31.6％，其中集中式光伏新增装机 1791 万千瓦，同比减少 22.9％；分布式光伏新增装机 1220 万千瓦，同比增长 41.3％。光伏发电累计装机达到 20430 万千瓦，同比增长 17.3％，其中集中式光伏 14167 万千瓦，同比增长 14.5％；分布式光伏 6263 万千瓦，同比增长 24.2%。2019 年全国光伏发电量达 2243 亿千瓦时，同比增长 26.3%，光伏利用小时数 1169h，同比增长 54h。全国弃光率降至 2%，同比下降 1 个百分点，弃光电量 46 亿千瓦时。2020 年上半年，我国光伏产业规模持续增长。2020 年 1—6 月，我国光伏发电新增装机容量为 11.5 吉瓦，其中，集中式光伏发电项目新增装机规模 7.07 吉瓦，占比 61.48%，分布式光伏新增装机规模为 4.43 吉瓦，占比 38.52%。光伏电站建设成本继续降低，受益于组件、逆变器等设备价格的下降，2020 年上半年我国光伏地面电站建设初始全投资成本已基本降至每瓦 4 元以下，较 2019 年下降约 13%。

在政策层面上，近年来我国相继出台了《太阳能光电建筑应用财政补助资金管理暂行办法》《关于促进光伏产业健康发展的若干意见》《智能光伏产业发展行动计划（2018—2020 年）》等鼓励光伏发电产业发展的政策。2019 年 9 月 20 日，工信部发布《关于开展智能光伏试点示范的通知》，要求支持培育一批智能光伏示范企业，包括能够提供先进、成熟的智能光伏产品、服务、系统平台或整体解决方案的企业。支持建设一批智能光伏示范项目，包括应用智能光伏产品，融合大数据、互联网和人工智能，为用户提供智能光伏服务的项目。2020 年 3 月 10 日，国家能源局发布《关于 2020 年风电、光伏发电项目建设有关事项的通知》，从推进平价上网项目、推进需国家财政补贴项目、落实电力送出消纳条件等方面，结合行业发展新情况进行了调整完善。2020 年新建光伏发电项目补贴总额为 15 亿元，其中 5 亿元用于户用光伏，10 亿元用于补贴竞价项目。2020 年 4 月 2 日，国家发改委印发《关于 2020 年光伏发电上网电价政策有关事项的通知》，公布了 2020 年光伏发电上网电价政策，此举有助于稳定 2020 年国内的光伏市场预期，但大部分项目最终电价仍有待竞价产生。2020 年 6 月 28 日，国家能源局下发 2020 年光伏竞价项目的结果，此次拟纳入竞价补贴范围的项目共 434 个，总规模为 25.97 吉瓦，同比增长 14%。竞价总规模远超市场预期，竞价项目的下发预示着国内需求大规模启动。

随着国内光伏产业规模逐步扩大、技术逐步提升，光伏发电成本会逐步下降，未来国内光伏容量将大幅增加。中国已将新能源产业上升为国家战略产业，未来 10 年拟加大对包括太阳能在内的新能源产业投资，以减少经济对化石能源依赖和降低碳排放。

参考文献

[1] Nguyen H T, Pearce J M. Estimating potential photovoltaic yield with sun and the open source Geographical Resources Analysis Support System[J]. Solar Energy, 2010, 84(5): 831-843.

[2] Santbergen R, Rindt C C M, Zondag H A, et al. Detailed analysis of the energy yield of systems with covered sheet-and-tube PVT collectors[J]. Solar Energy, 2010, 84(5): 867-878.

[3] Ashenfelter O, Storchmann K. Using hedonic models of solar radiation and weather to assess the

economic effect of climate change: the case of mosel valley vineyards[J]. Review of Economics and Statistics, 2010, 92(2): 333-349.
[4] 翁敏航. 太阳能电池——材料　制造　检测技术[M]. 北京：科学出版社，2013.
[5] 杨德仁. 太阳电池材料[M]. 北京：化工出版社，2018.
[6] O'Regan B, Grätzel M. A low-cost, high-efficiency solar cell based on dye-sensitized colloidal TiO_2 films [J]. Nature, 1991, 353: 737-740.
[7] Kojima A, Teshima K, Shirai Y, et al. Organometal halide perovskites as visible-light sensitizers for photovoltaic cells[J]. Journal of the American Chemical Society, 2009, 131:6050-6051.
[8] Becquerel E. Mčmoire sur les effets électriques produits sous l'influence des rayons solaires[J]. Comptes Rendus de l'Académie des Science. Paris, 1839, 9: 561-567.
[9] Kitchens R L, Wolfbauer G, Albers J J. Plasma lipoproteins promote the release of bacterial lipopolysaccharide from the monocyte cell surface[J]. Journal of Biological Chemistry, 1999, 274(48): 34116-34122.
[10] Bruton T M. General trends about photovoltaics based on crystalline silicon[J]. Solar Energy and Solar Cells, 2002, 72(1-4): 3-10.
[11] Chapin D M, Fuller C S, Pearson G L. New silicon p-n junction photocell for solar radiation into electrical power[J]. J Appl Phys, 1954, 51: 676-677.
[12] O'Regan B, Grätzel M. A low-cost, high-efficiency solar cell based on dye-sensitized colloidal TiO_2 films[J]. Nature, 1991, 353: 737-740.
[13] Li T L, Teng H S. Solution synthesis of high-quality $CuInS_2$ quantum dots as sensitizers for TiO_2 photoelectrodes. Journal of Materials Chemistry, 2009, 20(18): 3656-3664.
[14] 肖立新. 钙钛矿太阳能电池[M]. 北京：北京大学出版社，2016.
[15] 沃尔夫冈. 光伏的世界[M]. 长沙：湖南科学技术出版社，2015.
[16] Jing L Q, Sun X J, Shang J, et al. Review of surface photovoltage spectra of nano-sized semiconductor andits applications in heterogeneous photocatalysis[J]. Solar Energy Materials and Solar Cells, 2003, 79(2): 133-151.
[17] Jones D R, Troisi A. A method to rapidly predict the charge injection rate in dye sensitized solar cells [J]. Physical Chemistry Chemical Physics, 2010, 12(18): 4625-4634.
[18] Caycedo-Soler F, Rodriguez F J, Quiroga L, et al. Light-harvesting mechanism of bacteria exploits a critical interplay between the dynamics of transport and trapping[J]. Physical Review Letters, 2010, 104(15): 158302.
[19] 查全胜. 电极过程动力学导论[M]. 北京：科学出版社，1976: 42-45.
[20] 田昭武. 电化学研究方法[M]. 北京：科学出版社，1984: 58-60.
[21] Chen J G, Chen C Y, Wu S J, et al. On the photophysical and electrochemical studies of dye-sensitized solar cells with the new dye CYC-B1[J]. Solar Energy Materials and Solar Cells, 2008, 92(12): 1723-1727.
[22] Arie A A, Chang W, Lee J K. Electrochemical characteristics of semi conductive silicon anode for lithium polymer batteries[J]. Journal of Electroceramics, 2010, 24(4): 308-312.
[23] Cao F, Oskam G, Searson P C. A solid state, dye sensitized photoelectrochemical cell[J]. J Phys Chem, 1995, 99(47): 17071-17073.
[24] Moghaddam R B, Pickup P G. Electrochemical impedance study of the polymerization of pyrrole on

high surface area carbon electrodes [J]. Physical Chemistry Chemical Physics, 2010, 12 (18): 4733-4741.

[25] Wang F, Chen L, Chen X, et al. Studies on electrochemical behaviors of acyclovir and its voltammetric determination with nano-structured film electrode[J]. Analytica Chimica Acta, 2006, 576: 17-22.

[26] Liberatore M, Petrocco A, Caprioli F. Mass transport and charge transfer rates for Co-(Ⅲ)/Co-(Ⅱ) redox couple in a thin-layer cell[J]. Electrochimica Acta, 2010, 55(12): 4025-4029.

[27] Shervedani R K, Bagherzadeh M. Electrochemical characterization of in situ functionalized gold cysteamine self-assembled monolayer with 4-formylphenylboronic acid for detection of dopamine[J]. Electroanalysis, 2008, 20(5): 550-557.

[28] Zheng J P, Goonetilleke P C, Pettit C M. Probing the electrochemical double layer of an ionic liquid using voltammetry and impedance spectroscopy: A comparative study of carbon nanotube and glassy carbon electrodes in [EMIM]$^{(+)}$[$EtSO_4$]$^{(-)}$[J]. Talanta, 2010, 81(3): 1045-1055.

[29] 史美伦. 交流阻抗谱原理及应用[M]. 北京：国防工业出版社，2001.

[30] Urbani M, Grätzel M, Nazeeruddin M K. Meso-substituted porphyrins for dye-sensitized solar cells[J]. Chemical Reviews, 2014, 114(24): 12330-12396.

[31] Mora-Seró I, Anta J A, Dittrich T, et al. Continuous time random walk simulation of short-range electron transport in TiO_2 layers compared with transient surface photovoltage measurements[J]. Journal of Photochemistry and Photobiology A: Chemistry, 2006, 182: 280-287.

[32] Reshchikov M A, Sabuktagin S, Johnstone D K, et al. Transient photovoltage in GaN as measured by atomic force microscope tip[J]. J Appl Phys. 2004, 96 (5): 2556-2560.

[33] Dittrich T. Temperature dependent normal and anomalous electron diffusion in porous TiO_2 studied by transient surface photovoltage[J]. Physical Review B, 2006, 73: 045407.

[34] Burschka J, Pellet N, Moon S J, et al. Sequential Deposition as a Route to High Performance Perovskite-Sensitized Solar Cells[J]. Nature, 2013, 499(7458): 316-319.

[35] Kojima A, Teshima K, Shirai Y, et al. Organometal Halide Perovskites as Visible-light Sensitizers for Photovoltaic Cells[J]. Journal of the American Chemical Society, 2009, 131: 6050-6051.

[36] 闫方存，甘国友，滕媛，等. 太阳能电池银导电浆料的研究进展与展望[J]. 材料导报，2016，30(3)：139-143.

[37] Qin J, Zhang W J, Yang J C, et al. Tailor the Rheological Properties of Silver Front Side Metallization Paste for Crystalline Silicon Solar Cells[J]. Materials Science Forum, 2019, 956: 12-20.

[38] Zhang H, Li R, Liu W, et al. Research progress in lead-less or lead-free three-dimensional perovskite absorber materials for solar cells[J]. International Journal of Minerals, Metallurgy, and Materials, 2019, 26(4): 387-403.

[39] Yi J H, Koo H Y, Kim J H, et al. Pb-free glass frits prepared by spray pyrolysis as inorganic binders of Al electrodes in Si solar cells[J]. Journal of Alloys and Compounds, 2011, 509(21): 6325-6331.

[40] 陈勇民. 晶硅太阳能电池铝背场的特性研究[D]. 长沙：中南大学，2010.

[41] Zhao J, Wang A, Altermatt P P, et al. Green, 24% efficient PERL silicon solar cell: Recent improvements in high efficiency silicon cell research[J]. Solar Energy Material & Solar Cells, 1996, 41/42: 87-99.

[42] Green M A, Zhao J, Wang A, et al. Progress and outlook for high efficiency crystalline silicon solar cells[J]. Solar Energy Materials and Solar Cells, 2001, 65(10): 9-16.

[43] 乔治. 高效纳米晶硅/晶硅异质结太阳电池的研究[D]. 天津：河北工业大学，2015.
[44] Taguchi M, Yano A, Tohoda S, et al. 24. 7% record efficiency HIT solar cell on thin silicon wafer[J]. IEEE Journal of Photovoltaics, 2014, 4(1): 96-99.
[45] Schwartz R J, Lammert M D. Silicon solar cell for high concentration applications [C]. IEEE International Electron Device Meeting. Washington D C, 1975: 350-351.
[46] 杨显彬. 掺杂硼铝背场对晶体硅太阳电池性能的影响[D]. 北京：北京交通大学，2014.
[47] Dong L, Abbott M, Lu P H, et al. Incorporation of deep laser doping to form the rear localized back surface field in high efficiency solar cells[J]. Solar Energy Materials & Solar Cells, 2014,130: 83-90.
[48] 邓庆维，黄永光，朱洪亮. 25%效率晶体硅基太阳能电池的最新进展[J]. 激光与光电子学进展，2015，52:110002.
[49] Yang J H, Chen S Y, Yin W J, et al. Electronic structure and phase stability of MgTe, ZnTe, CdTe, and their alloys in the B3, B4, and B8 structures [J]. Phys Rev B, 2009, 79(24): 245202.
[50] Jackson P, Hariskos D, Lotter E, et al. New world record efficiency for Cu (InGa) Se2[J]. Prog Photovolt Res Appl, 2011,19:894.
[51] Chelvanathan P, Yusoff Y, Haque F, et al. Growth and characterization of RF-sputtered ZnS thin film deposited at various substrate temperatures for photovoltaic application[J]. Applied Surface Science, 2015, 334: 138.
[52] Islam M M, Ishizuka S, Yamada A, et al. CIGS solar cell with MBE-grown ZnS buffer layer[J]. Solar Energy Materials & Solar Cells, 2009, 93:970-972.
[53] Zhao Yang Zhong, Eou Sik Cho, Sang Jik Kwon. Characterization of the ZnS thin film buffer layer for Cu(In, Ga) Se2 solar cells deposited by chemical bath deposition process with different solution concentrations[J]. Materials Chemistry and Physics, 2012, 35:287-292.
[54] Nakada T, Mizutani M, Hagiwara Y, et al. High-efficiency Cu(In,Ga)Se 2 thin-film solar cells with a CBD-ZnS buffer layer[J]. Sol Energy Mater Sol Cells, 2001, 67:255.
[55] Platzer-Bjorkman C, Torndahl T. Zn(O,S) Buffer Layers by Atomic Layer Deposition in Cu(In,Ga) Se2 Based Thin Film Solar Cells: Band Alignment and Sulfur Gradient [J]. Journal of Applied Physics, 2006, 8(23):100.
[56] Spiering S, Hariskos D, Powalla M, et al. Cd-free Cu(In,Ga)Se2 Thin-film Solar Cells Modules with In_2S_3 Buffer layer by ALCVD[J]. Thin Solid Films, 2003, 431:359-363.
[57] Reiner Klenk, Alexander Steigert, Thorsten Rissom, et al. Junction formation by Zn(O,S) sputtering yields CIGSe-based cells with efficiencies exceeding 18% [J]. Progress in photovoltaics, 2014. 22: 161-165.
[58] Bouznit Y, Beggah Y, Boukerika A, et al. New co-spray way to synthesize high quality ZnS films[J]. Applied Surface Science, 2013, 284: 936.
[59] Dong H H, Ahn J H, Hui K N, et al. Structural and optical properties of ZnS thin films deposited by RF magnetron sputtering[J]. Nanoscale Research Letters, 2012, 7: 26.
[60] Nair P K, Nair M T S, Garcia V M, et al. Semiconductor thin films by chemical bath deposition for solar energy related applications[J]. Solar Energy Materials & Solar Cells, 1998, 52:313.
[61] Islam M A, Hossain M S, Aliyu M M, et al. Comparative study of ZnS thin films grown by chemical bath deposition and magnetron sputtering[C]. 7th International Conference on Electrical and Computer Engineering. Dhaka, Bangladesh: 2012.

[62] Shin S W, Kang S R, Yun J H, et al. Effect of different annealing conditions on the properties of chemically deposited ZnS thin films on ITO coated glass substrates[J]. Sol Energy Mater Sol Cells, 2011, 95(3): 856-863.

[63] Contrera M A, Nakada T, Hongo M, et a1. ZnO/ZnS(O, OH)/Cu(In, Ga)Se2/Mo solar cell with 18.6% efficiency[C]. Proceeding 3rd. world Conference of Photovohaic Energy Conversion. Osaka, Japan: 2003:570.

[64] Francis K Ampong, Johannes A M Awudza, R K Nkum, et al. Ternary cadmium zinc sulphide films with high charge mobilities[J]. Solid State Sciences, 2015, 40:50-54.

[65] Everett Y M Lee, Nguyen H Tran, Robert N Lamb. Growth of ZnS films by chemical vapor deposition of $Zn[S_2CN(CH_3)_2]_2$ precursor[J]. Applied Surface Science, 2005, 241:493-496.

[66] Beer Pal Singh, Virendra Singh, Tyagi R C, et al. Effect of ambient hydrogen sulfide on the physical properties of vacuum evaporated thin films of zinc sulfide[J]. Applied Surface Science, 2008, 254(8): 2233-2237.

[67] 孙秀菊，李海玲，励旭东，等. 硅太阳电池用 MgF_2/ZnS 双层减反射薄膜的制备及表征[J]. 人工晶体学报，2009，38(3)：547-551.

[68] Wang Csifeng, Li Qingshan, Hu Bo, et a1. White light photoluminescence from ZnS films on porous Si substmtes[J]. Journal of Semiconductors, 2010, 31(3):033002-033005.

[69] Gayou V L, Salazar Hernandez B, Constantino M E, et al. Structural studies of ZnS thin films grown on GaAs by RF magnetron sputtering[J]. Vacuum, 2010, 84: 1191-1194.

[70] Wakeham S J, Tsakonas C, Cranton W M, et al. Laser annealing of thin film electroluminescent devices deposited at a high rate using high target utilization sputtering[J]. Semicond Sci Technol, 2011, 26: 045016.

[71] Jackson P, Hariskos D, Wuerz R, et al. Cover Picture: Properties of $Cu(In,Ga)Se_2$ solar cells with new record efficiencies up to 21.7%[J]. Phys Status Solidi RRL, 2015, 9: 28.

[72] Kato T, Handa A, Yagioka T, et a1. Enhanced efficiency of Cd-free Cu(In,Ga)(Se,S)2 minimodule via (Zn,Mg)O second buffer layer and alkali post treatment[C]. 44th IEEE Photoovltaic Specialists Conference, Washington DC: 2017.

[73] Tang C W. Two-layer organic photovoltaic cell [J]. Applied Physics Letters, 1986, 48(2):183-185.

[74] Yu G, Gao J, Hummelen J C, et al. Polymer Photovoltaic Cells: Enhanced Efficiencies via a Network of Internal Donor-Acceptor Heterojunctions [J]. Science, 1995, 270(5243):1789-1791.

[75] Shirakawa H, Louis E J, MacDiarmid A G, et al. Synthesis of Electrically Conducting Organic Polymers: Halogen Derivatives of Polyacetylene, (CH_x) [J]. Journal of the Chemical Society, Chemical Communications, 1977, 16:578-580.

[76] Liu C, Wang K, Gong X, et al. Low bandgap semiconducting polymers for polymeric photovoltaics [J]. Chem Soc Rev, 2016, 45(17): 4825-4846.

[77] Schilinskya P, Waldauf C. Recombination and loss analysis in polythiophene based bulk heterojunction photodetectors [J]. Applied Physics Letters, 2002, 81(20):3885-3887.

[78] Dennler Q, Scharber M C, Brabec C J. Polymer-fullerene bulk-heterojunction solar cells[J]. Advanced Materials, 2009,21(13):1323-1338.

[79] Kim J Y, Lee K, Coates N E, et al. Efficient tandem polymer solar cells fabricated by all-solution processing[J]. Science, 2007, 317(5835):222-225.

[80] Ying L, Chen Z K, Yu C. Conjugated copolymers comprised cyanophenyl-substituted spirobifluorene and tricarbazole-triphenylamine repeat units for blue-light-emitting diodes[J]. Journal of Polymer Science Part A: Polymer Chemistry, 2010, 48(2): 292-301.
[81] Liu S, Imanishi N, Zhang T. Effect of nano-silica filler in polymer electrolyte on Li dendrite formation in Li/poly(ethylene oxide)-Li(CF_3SO_2)$_2$ N/Li[J]. Joural of Dower Sources, 2010(19): 6847-6853.
[82] Liu X, Li S, Li J, et al. Synthesis, characterization and photovoltaic properties of benzo[1,2-b:4,5-b′] dithiophene-bridged molecules [J]. RSC Advances, 2014, 4(108): 63260-63267.
[83] Shockley W, Queisser H J. Detailed balance limit of efficiency of p-n junction solar cells[J]. J Appl Phys, 1976, 32(3): 510-519.
[84] Asahi R, Morikawa T, Aoki K, Taga Y. Visible-light photocatalysis in nitrogen-doped titaniumoxides [J]. Science, 2001, 293: 269-271.
[85] Liu Q P. Photovoltaic performance improvement of dye-sensitized solar cells based on Mg-doped TiO_2 thin films[J]. Electrochimica Acta, 2014, 129: 459-462.
[86] Niaki A H G, Bakhshayesh A M, Mohammadi M R. Double-layer dye-sensitized solar cells based on Zn-doped TiO_2 transparent and light scattering layers: Improving electron injection and light scattering effect[J]. Solar Energy, 2014, 103: 210-222.
[87] Duan Y D, Fu N Q, Zhang Q, et al. Influence of Sn source on the performance of dye-sensitized solar cells based on Sn-doped TiO_2 photoanodes: A strategy for choosing an appropriate doping source[J]. Electrochimica Acta, 2013, 107: 473-480.
[88] Song K, Jang I, Song D, et al. Echinoid-like Particles with High Surface Area For Dye-sensitized Solar Cells[J]. Solar Energy, 2014, 105: 218-224.
[89] Zhang X T, Sutanto I, Taguchi T, et al. Al_2O_3-coated nanoporous TiO_2 electrode for solid-state dye-sensitized solar cell[J]. Solar Energy Materials and Solar Cells, 2003, 80(3): 315-326.
[90] Goh G K L, Hong Q L, Huang T J, et al. Low temperature grown ZnO@TiO_2 core shell nanorod arrays for dye sensitized solar cell application[J]. Journal of Solid State Chemistry, 2014, 214: 17-23.
[91] Dao V D, Choi H S. An optimum morphology of platinum nanoparticles with excellent electrocatalytic activity for a highly efficient dye-sensitized solar cell[J]. Electrochimica Acta, 2013, 93: 287-292.
[92] Roy-Mayhew J D, Bozym D J, Punckt C, et al. Functionalized graphene as a catalytic counter electrode in dye-sensitized solar cells[J]. ACS Nano, 2010, 4(10): 6203-6211.
[93] Pringle J M, Armel V, MacFarlane D R. Electrodeposited PEDOT-on-plastic cathodes for dye-sensitized solar cells[J]. Chemical Communications, 2010, 46(29): 5367-5369.
[94] Wang S S, Lu S, Li X M, et al. Study of H_2SO_4 concentration on properties of H_2SO_4 doped polyaniline counter electrodes for dye-sensitized solar cells[J]. Journal of Power Sources, 2013, 242: 438-446.
[95] Wu M X, Lin X A, Hagfeldt A, et al. Low-cost molybdenum carbide and tungsten carbide counter electrodes for dye-sensitized solar cells[J]. Angewandte Chemie-International Edition, 2011, 50(15): 3520-3524.
[96] Nazeeruddin M K, Pechy P, Renouard T, et al. Engineering of efficient panchromatic sensitizers for nanocrystalline TiO_2-based solar cells[J]. Journal of the American Chemical Society, 2001, 123(8): 1613-1624.
[97] Nazeeruddin M K, De Angelis F, Fantacci S, et al. Combined experimental and DFT-TDDFT computational study of photoelectrochemical cell ruthenium sensitizers[J]. Journal of the American

Chemical Society, 2005, 127(48): 16835-16847.

[98] Bessho T, Zakeeruddin S M, Yeh C Y, et al. Highly efficient mesoscopic dye-sensitized solar cells based on donor-acceptor-substituted porphyrins[J]. Angewandte Chemie-International Edition, 2010, 49(37): 6646-6649.

[99] Shan G B, Demopoulos G P. Near-infrared sunlight harvesting in dye-sensitized solar cells via the insertion of an upconverter-TiO_2 nanocomposite layer[J]. Advanced Materials, 2010, 22(39): 4373-4377.

[100] Sauvage F, Decoppet J D, Zhang M, et al. Effect of sensitizer adsorption temperature on the performance of dye-sensitized solar cells[J]. Journal of the American Chemical Society, 2011, 133(24): 9304-9310.

[101] Mathew S, Yella A, Gao P, et al. Dye-sensitized solar cells with 13% efficiency achieved through the molecular engineering of porphyrin sensitizers[J]. Nature Chemistry, 2014, 6(3): 242-247.

[102] Liu S, Imanishi N, Zhang T. Effect of nano-silica filler in polymer electrolyte on Li dendrite formation in Li/poly (ethylene oxide)-Li$(CF_3SO_2)_2$N/Li[J]. Journal of Power Sources, 2010(19):6847-6853.

[103] Yu Q, Yu C, Zhao L. A stable and efficient quasi-solid-state dye-sensitized solar cell with a low molecular weight organic gelator[J]. Energy & Environmental Science, 2012, 5: 6151-6155.

[104] Hagfeldt A, Boschloo G, Sun L, et al. Dye-sensitized solar cells[J]. Chemical Reviews, 2010, 110: 6595-6663.

[105] Muhammad N T, Yella A, Jugal K S. Synthesis and functionalization of chalcogenide nanotubes[J]. ChemInform, 2011, 42(8): 08223.

[106] Chiba Y, Islam A, Watanabe Y, et al. Dye-sensitized solar cells with conversion efficiency of 11.1% [J]. J Appl Phys, 2006, 45: 638-640.

[107] Kojima A, Teshima K, Shirai Y, et al. Organometal halide perovskites as visible-light sensitizers for photovoltaic cells[J]. Journal of the American Chemical Society, 2009, 131(17): 6050-6051.

[108] Kim H S, Lee C R, Im J H, et al. Lead Iodide perovskite sensitized all-solid-state submicron thin film mesoscopic solar cell with efficiency exceeding 9%[J]. Scientific Reports, 2012, 2: 591.

[109] Huang P, Kazim S, Wang M K, et al. Toward phase stability: dion-jacobson layered perovskite for solar cells[J]. ACS Energy Lett, 2019, 4(12): 2960-2974.

[110] Burschka J, Pellet N, Grätzel M, et al. Sequential deposition as a route to high-performance perovskite-sensitized solar cells[J]. Nature, 2013, 499(7458): 316-319.

[111] Zheng H, Liu G, Zhu L, et al. The effect of hydrophobicity of ammonium salts on stability of quasi-2D Perovskite materials in moist condition[J]. Advanced energy materials, 2018, 21: 1800051.

[112] Liu M, Johnston M B, Snaith H J, et al. Efficient planar heterojunction perovskite solar cells by vapour deposition[J]. Nature, 2013, 501(7467): 395-398.

[113] Ghoshal D, Wang T, Tsai H Z. Catalyst-free and morphology-controlled growth of 2D Perovskite nanowires for polarized light detection[J]. Advanced Optical Materials, 2019, 277: 05332.

[114] Zhang Y, Tao R, Zhao X, et al. Ahighly photoconductive composite prepared by incorporating polyoxometalate into Perovskite for photodetection application[J]. Chemical Communications, 2016, 52(16): 3304-3307.

[115] National Renewable Energy Laboratory (NREL). Best Research-Cell Efficiencies [EB/OL]. [2018]. https://www.nrel.gov/pv/assets/images/efficiency-chart.png.

第2章

硅太阳能电池

2.1 硅太阳能电池概述

在众多类型的太阳能电池中，晶硅太阳能电池是发展最长久、商业化程度最高、制备技术最为成熟的太阳能电池，占目前光伏市场的90%以上。晶硅太阳能电池的理论转化效率可达31%，实验报道的最高转化效率为25%，而工业化生产的成晶电池效率约为17%[1]。制约晶硅电池光电转换效率的主要原因是：①晶硅材料的光吸收效率不高，高于晶体硅能隙（1.12eV）的太阳光子以“热电子”的形式损耗。②电池板的光反射作用也影响了晶硅电池的光吸收效率。为了减少光反射，目前主要用表面蚀刻、溅射SiN、减反射涂层等技术进行处理[2]，但是，经过上述处理后的晶硅太阳能电池的光电转换效率并没有得到根本的改善，反而大大增加了生产成本。以晶体硅技术为基础，着力于降低生产成本，提高发电效率的高效晶体硅电池研发始终是国际光伏领域研究的热点之一[3]。

2.1.1 硅太阳能电池发展简史

近十年，我国光伏发电量快速增长，从2011年的7亿千瓦时增长到2020年的2605亿千瓦时[4]。随着光伏技术的逐步提高和发电成本的不断降低，分布式光伏的发电量不断攀升。国家“十三五”规划中提出绿色低碳发展，积极发展太阳能光伏等新能源，构建智慧能源系统；积极推进在产业园区、公共设施等建筑屋顶建设分布式光伏发电项目。这充分表明，发展光伏产业及开展太阳能电池技术方面研究对于确保新能源领域的核心竞争力乃至经济、社会和科技发展都具有重要意义。

随着光伏发电技术和应用的高速发展，性价比成为考察各类太阳能电池技术的核心指标。因此，提高太阳能电池的光电转换效率和降低制造成本是实现高性价比的两个重要途径，也是光伏产业永恒的主题。在光伏领域，硅基太阳能电池是目前最为成功的商业化电池，在全球光伏市场中占据主导地位。主流晶硅电池的实验室最高认证效率已逼近单结电池的实际效率极限（约 29.4%），达到 26.6%，进一步提升愈发困难。因此，发展叠层太阳能电池技术是克服单结电池效率限制的有效途径之一[5]。理论上，通过不同带隙组合更好匹配光子能量来降低热学损失，两结叠层设计可以将太阳能电池效率提升至 43%左右。有机-无机混合卤化钙钛矿具有载流子寿命长、吸收系数高、带隙可调、易于制备等优点，是一种十分理想的新型光电材料。钙钛矿太阳能电池在高效率和低成本两方面展现巨大潜在优势，目前其单结电池光电转换效率已飙升至 25.5%。而晶体硅太阳能电池是当今光伏产业的主流，具有成熟的工艺和市场。因此，将钙钛矿和硅进行串联形成叠层电池成为光伏领域中的热门研究课题，经测算，当钙钛矿/硅叠层电池效率超过 28%时，其性价比将超过单结晶硅电池，因此具有诱人的应用前景[6]。

2.1.2 硅太阳能电池结构及工作原理[7]

晶体硅太阳能电池主要由边框、玻璃、封装材料、背板、接线盒和电池等组成，其结构如图 2-1 所示。边框的作用是保护太阳能电池板和固定连接，通常使用牌号 6063T6 的铝合金；电池正面的玻璃要求具有高透光率以及高机械强度，一般为低铁钢化玻璃；由于太阳能电池一般放在室外工作，环境较为恶劣，故太阳能电池对封装材料的要求较为严格，目前封装材料一般为乙烯-醋酸乙烯共聚物（EVA）；背板一般为聚氟乙烯复合膜（TPT），它是由两层 PVF 中间夹有一层 PET 的聚酯薄膜形成的；电池片通过汇流带连接在一起，汇流带为镀锡铜线。

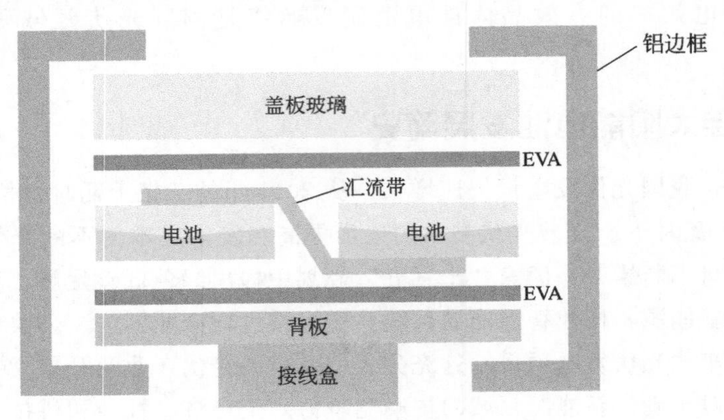

图 2-1　晶体硅太阳能电池板结构图

在电池片制备工艺中，硅片首先经过制绒工序去除杂质，通过扩散的方法在 P 型层上形成 N 型层，然后在表面镀上一层减反射层，通过丝网印刷工艺镀上电极和背场。

如图 2-2 所示，电池片正面电极为银，减反射膜为氮化硅，N 型层是掺杂的磷元素，P 型层为硅基片，背面电极一般为铝。

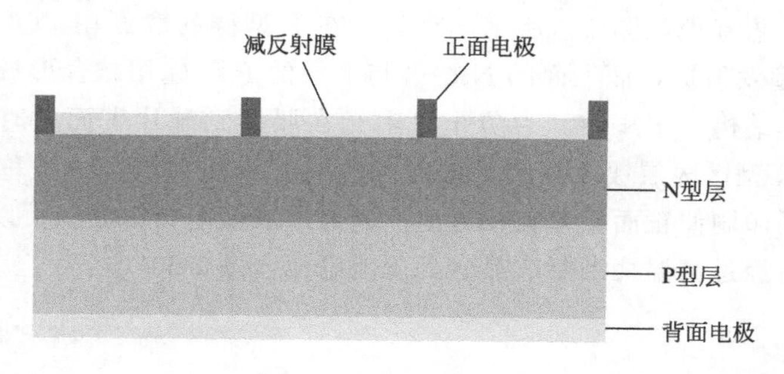

图 2-2 电池片结构图

晶硅太阳能电池的工作机理简单来说就是 PN 结内部生成的载流子发生相对运动生成电流，再通过前电极将电流导出。由于本征半导体没有杂质和晶格缺陷，所以导致其导电性差、载流子少以及温度稳定性不好而不能直接用于工业生产。需要将其他类型的杂质掺入到本征半导体中，生成 N 型和 P 型半导体。

2.2 晶体硅太阳能电池

晶体硅分单晶硅和多晶硅。单晶硅价格昂贵，多晶硅虽然质量不如单晶硅，但由于无须耗时耗能的拉单晶过程，其生产成本只有单晶硅的 1/20。目前，多晶硅太阳能电池的效率虽然比单晶硅电池低 1%～2%，但是多晶硅太阳能电池的成本较低。因此，现在太阳能电池市场上多晶硅电池的份额已经超过了单晶硅电池[8]。

随着能源短缺和环境的迅速恶化，太阳能电池产业的飞速发展，全球对多晶硅的需求快速增长，市场供不应求，价格一度大幅上扬。多晶硅供需不平衡的局面将愈演愈烈，市场的短期波动可能有变化，但长期的需求将会很旺盛。

2.2.1 单晶硅片制造技术

现在单晶硅的电池工艺已近成熟，在电池制作中，一般都采用表面织构化、发射区钝化、分区掺杂等技术，开发的电池主要有平面单晶硅电池和刻槽埋栅电极单晶硅电池。提高转化效率主要是靠单晶硅表面微结构处理和分区掺杂工艺[9]。

晶硅太阳能电池的主体材料是硅，对硅片进行处理后，最终形成人们日常生活中看到的晶硅太阳能电池。工业上晶硅太阳能电池制作过程主要包括以下工序：工序一，硅片清洗制绒；工序二，扩散工序；工序三，等离子刻边；工序四，去除磷硅玻璃；工序五，离子增强化学气相沉积（PECVD）；工序六：丝网印刷；工序七，烘干和烧结。

其制备工艺流程如图 2-3 所示。首先，在 P 型硅的表面用 $POCl_3$ 进行磷扩散，生成 N 型发射极，而上面的 N 型区与下层的 P 型硅相结合形成作为晶硅太阳能电池主体结构的 PN 结。为防止太阳光在照射到硅片表面上时产生过多反射，需要在 N 型区表层镀上一层氮化硅（SiN_x）减反射膜，也被称为 ARC 层。然后通过丝网印刷使正面银浆料在电池片表面形成前电极银栅线，以及背面印刷铝背场，最后经过高温烧结制成晶硅太阳能电池（图 2-4）[10]。

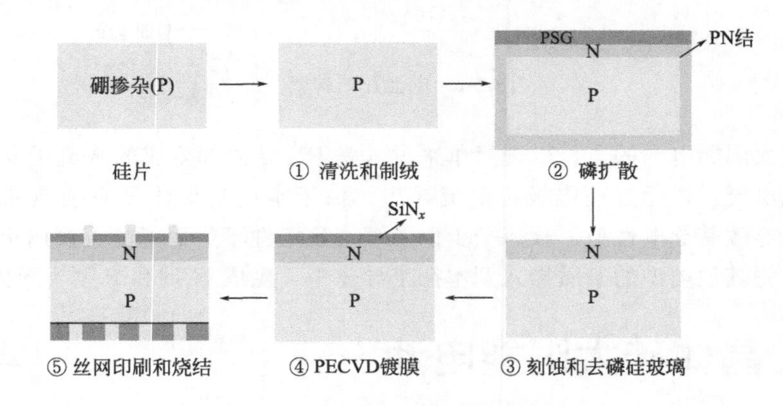

图 2-3　晶硅太阳能电池的制作流程图

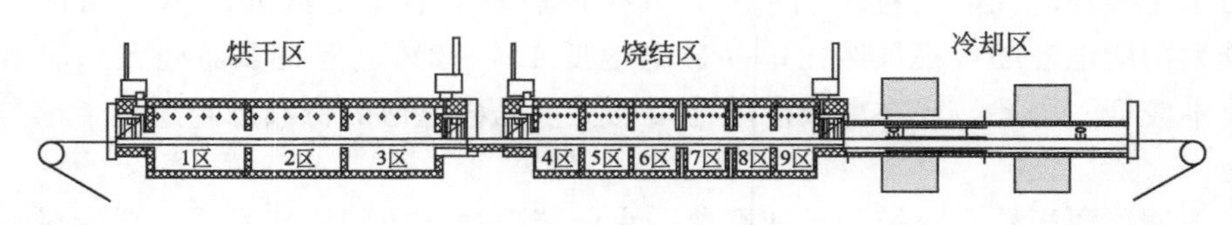

图 2-4　烧结炉示意图[11]

2.2.2　多晶硅原料的制造技术

生产多晶硅的方法主要有改良西门子法、物理法等[12]。

同国际先进水平相比，国内多晶硅生产企业在产业化方面的差距体现在多方面。多晶硅技术和市场掌握在美、日、德少数几个生产厂商手中，严重制约我国产业的发展。而且，国内企业的工艺设备落后，同类产品物料和电力消耗过大，三废问题多，与国际水平相比。国内多晶硅生产物耗、能耗高，产品成本缺乏竞争力[13]。

(1) 化学法太阳能电池多晶硅

所谓化学法就是金属硅中的硅元素参加化学反应，变为硅的化合物。然后把硅的化合物从杂质中分离出来，最后，把硅单质还原出来生成多晶硅的方法[14]。

1955 年，西门子公司成功研发了用 H_2 还原 $SiHCl_3$，在硅芯发热体上沉积硅的工艺技术，这就是通常所说的西门子法。在西门子法的工艺基础上，经过进一步改良，增加还原尾气干法回收系统、$SiCl_4$ 氢化工艺，实现了闭路循环，形成了现今广泛应用的改良西门子法。该方法通过采用大型还原炉，降低了单位产晶的能耗：采用 $SiCl_4$ 氢化和尾气干法回收工艺，明显降低了原辅材料的消耗。

改良西门子法[15]（其工艺流程如图 2-5 所示）是用氯和氢在一个流化床反应器中 300℃反应合成氯化氢，氯化氢和工业硅粉在一定的温度下合成三氯氢硅，同时形成气态混合物氢气、氯化氢、三氟氢硅和硅粉。然后对三氯氢硅进行分离精馏提纯，气态物需要进一步分解，过滤硅粉，冷凝三氯氢硅和四氯氢硅，而气态氢气和氯化氢返回到反应室中或排放到大气中。然后分解冷凝物三氯氢硅和四氯氢硅，净化三氯氢硅，也称多级精馏。提纯后的三氯氢硅采用高温还原工艺，在氢气氛中还原沉积在氧还原炉内进行 CVD 反应生产高纯多晶硅。由于气态混合物的分离是复杂的，耗能量大，从某种程度上决定了多晶硅的成本和该工艺的竞争力；在西门子改良法生产工艺中，一些关键技术我国还没有掌握，在提炼过程中大部分多晶硅都通过氯气排放了，不仅提炼成本高，而且环境污染非常严重。

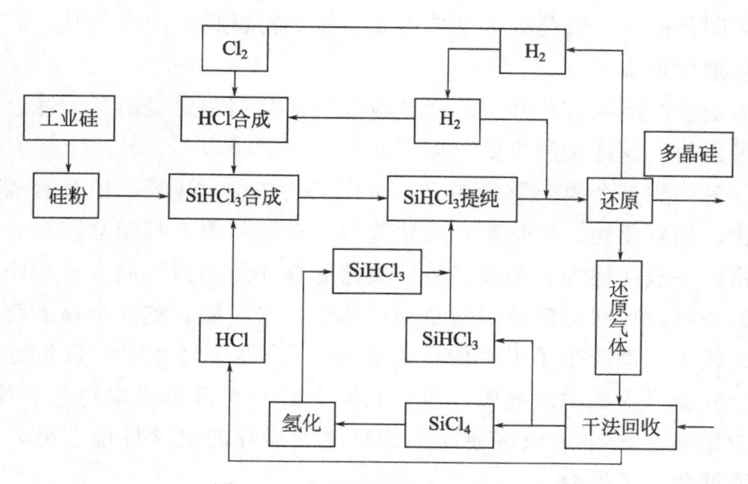

图 2-5 改良西门子法工艺流程

改良西门子法的纯度虽然可以达到 11N 级，但是用于太阳能电池有些浪费，因为实验证明，7N 级以上纯度的多晶硅料对于提高太阳能电池的转换效率已经没有明显的贡献。

(2) 物理法太阳能电池多晶硅

物理法于20世纪80年代在实验室进行试验，但这个方法的硅料完全不能满足半导体的应用需求，在西门子法提纯技术实现商业化之后，就停止了研究。21世纪初，太阳能电池的用硅量上涨并超过了半导体用硅，物理法多晶硅的研究又重新开始进行。与西门子法相比较，物理法相对耗能少、成本低，可能是未来生产太阳能电池用多晶硅的理想方法[16]。目前，进行物理提纯工业硅，制备太阳能电池级硅新工艺研究的国家有日本、中国、挪威、美国等。

物理法同样以冶金级工业硅为原料，通过逐步去除杂质，生产多晶硅。因为对太阳能电池来说，P、B、C、O、Fe、Cr、Ni、Cu、Zn、Ca、Mg、Al等是要严格控制的元素，所以从工业硅冶炼开始，就要对工艺做适当调整：高温通氯除去还原剂中的磷和硼等，从二氧化硅中除硼比从硅中除硼更容易，因为硅硼容易形成化合物。在冶炼金属硅中加入一些氧化剂，增加磷、硼等非金属元素的氧化和挥发，减少金属硅中磷、硼的含量。在熔炼过程中应采取一切措施，防止硅液吸收杂质，减少污染，通过各种精炼提纯方法除去金属中的杂质。硅材料中的杂质除来自炉料外，还有设备本身带来的杂质，杂质的来源主要有以下几种途径：①从炉衬中吸收杂质；②从炉气中吸收杂质；③从熔剂和熔炼添加剂中吸收杂质；④从炉料及炉渣中吸收杂质；⑤炉料的多次重熔积累的杂质，其中某一成分或杂质的会量一旦超过有关标准，就会出现废品；⑥石墨电极在消耗的时候，电极里面所含有的杂质也会进入到金属硅产品中。其中，炉衬在用过几炉后，炉壁会形成一层碳化硅和二氧化硅等结成的壳，将炉衬材料与炉料分开，炉衬对硅料的污染将会减少很多。

通过冶金硅的冶炼方法和工艺冶金级硅中的杂质主要是由其冶炼过程中的原料和设备带入的，这些杂质主要有以下几种：一类是以C、N、H等为代表的轻元素杂质；另一类是金属杂质，如Fe、Al、Ca、Cu、Ni等；还有冶金硅中的非金属化合物，如氧化物、氯化物、硫化物以及硅酸盐等大都独立存在，统称为非金属夹杂物，一般简称为夹杂或夹渣。夹渣的存在形态为不同大小的团块状或粒状，如果夹渣以微粒状弥散分布于金属熔体中不易去除。这些杂质的存在对半导体工艺和光伏工艺都产生了很大的负面影响[17]。其中轻元素的含量过大会导致硅片翘曲，并能引入二次缺陷等，而轻元素中的C会降低击穿电压、增漏电流。过渡金属杂质会在Si中形成沉淀而影响材料及器件的电学性能。另外，它们还会大幅度降低载流子寿命。

2.3 薄膜硅太阳能电池

薄膜材料在降低成本上具有巨大的潜力：电池薄膜材料的厚度从几微米到几

十微米，是单晶硅和多晶硅电池的几十分之一；直接沉积出薄膜，没有切片损失，可大大节省原料；可采用集成技术依次形成电池，省去组件制作过程。与晶体硅材料相比，薄膜材料电池虽然效率偏低，电池板面积大，工艺欠成熟，但是具有耗费材料少、成本低的优点，现在以至未来薄膜太阳能电池都会成为太阳能电池工业的发展方向之一[18]。

在各种薄膜太阳能电池中，以含镓、铟、碲组成元素为主要材料，但是它们在地壳中的平均含量较低，以稀少分散的状态伴生在其他矿物之中，只能随开采主金属矿床时附加冶炼。①由于资源提供不足，铜铟硒薄膜电池不会实现大规模产业化，砷化镓电池的成本也太高，大约是传统电池成本的 10 倍，主要用在航天领域，而多晶硅薄膜原材料丰富可供大规模的工业化应用，具有资源优势。②从环境保护角度来看，砷化镓太阳能电池的原料生产废水废物排放的化合物均有剧毒，多以三价（无机砷）和五价（有机砷）的形态存在，三价砷化合物比其他砷化物毒性更强，易在人体内积累，形成急性或慢性中毒。因此，从长远看，铜铟硒电池和砷化镓太阳能电池的大规模工业应用不为人们所接受，而多晶硅薄膜无毒性，在环境影响方面比较有优势。③碲化镉薄膜太阳能电池的工艺产品化，尚有若干问题存在。成膜方法不统一，不同工艺或同一工艺但不同人员所做的电池效率差别很大，按工业化的要求来看，这些成膜方法均不成熟；其次，组件的稳定性也有待通过进一步优化工艺条件来实现，目前尚不能说明原因，总之，碲化镉太阳能电池稳定性机理尚不十分清楚，但可以肯定与电池材料和制作工艺密切相关，这也限制了电池的工业化生产。

有机半导体薄膜太阳能电池具有工艺简单、重量轻、价格低、便于大规模生产的优点，虽然电池转换效率较低，并且有机物的退化影响电池的稳定性，但是仍有一定的研究价值[19]。世界各国的研究机构一直在积极致力于提高有机薄膜太阳能电池的转换效率，2007 年 7 月，美国加利福尼亚大学在“Science”上发表了题为“单元转换效率全球最高达 6.5%”的文章，日本的住友化学也于 2009 年 2 月宣布，该公司的有机薄膜太阳能电池的转换效率达到了 6.5%，施主材料通过在聚合物骨架中导入，提高其与受主材料之间能级的结构，实现约为 1V 的高开路电压。近年来，随着非富勒烯受体分子的快速发展，有机太阳能电池的光电转换效率不断取得突破，目前最高效率已超过 18%[20]。

2.3.1 非晶硅薄膜太阳能电池

非晶硅为直接带隙半导体，其光吸收范围较广泛，所需光吸收层厚度较小，因此非晶硅薄膜光伏电池可以做得很薄，一般光吸收薄膜总厚度大约为 1μm。非晶硅薄膜太阳能电池因其光吸收系数大、生产成本低、弱光效应好、适于规模化生产等优点，已得到光伏产业市场的青睐[21]。

近年来，非晶硅的研究进展主要集中于提高光电转化效率、大面积生产试验、低温制备工艺三个方面：Kim 等利用等离子增强化学气相沉积技术，以反应原料氢气稀释硅烷，制备出具有异质结结构的非晶硅薄膜太阳能电池，其能量转换率为 12.5%[22]；世界上面积最大（1.4m×1.1m）的高效非晶硅薄膜太阳能电池已在日本制成，其光电转换效率可达 8%，Villar 等利用热丝化学气相沉积技术在低温（低温指略低于 150℃）下制备出的一款非晶硅薄膜太阳能电池，其光电转换率可达 4.6%[23]。

非晶硅薄膜太阳能电池在低温下生产，成本低，便于大规模生产。但是，其作为地面电源使用的最主要问题仍是效率较低、稳定性较差。其主要原因是光诱导衰变，研究发现，非晶硅电池长期被光照射时，电池效率会明显地下降，这就是所谓的 S-W 效应，即光致衰退[24]；另外，由于它的光学带隙为 1.7eV，使得材料本身对太阳辐射光谱的长波区域不敏感，限制了它的转换效率。为了解决这些问题，主要从以下方面进行研究：①提高掺杂效率，增强内建电场，提高电池的稳定性[25]。②提高本征非晶硅材料的稳定性（包括晶化技术）。改善非晶硅电池内部界面，减小晶界电子空穴复合[26]。③制造双结、多结电池，提高效率和电池的稳定性[27]。

从上面对各种薄膜电池薄膜材料的分析可以看出，多晶硅薄膜电池兼具单晶硅电池的高转换效率和高稳定性，以及非晶硅薄膜电池的制备工艺相对简化等优点，因而受到人们的关注。此外，多晶硅薄膜太阳能电池的膜层即使薄到 10μm，仍可以取得比较高的效率，因此被认为是第二代太阳能电池的最有力的候选者之一。虽然多晶硅薄膜电池具有上述优点，但是也有下面的问题需要考虑：①多晶硅薄膜电池比非晶硅薄膜电池的材料要厚。因此，在沉积薄膜时需要更长的时间，这需要提高沉积速度。②与非晶硅薄膜电池相比加入了退火工艺，需要消耗能量，因此如何尽可能减少退火时消耗的能量是需要认真研究的问题。③退火的温度高，就需要耐高温的玻璃，其价格就越高。因此，退火时在形成相对高质量多晶硅薄膜的情况下要求尽可能低的退火温度。

2.3.2 微晶硅太阳能电池

为了降低晶硅太阳能电池的生产成本，人们先后研制出了多晶硅薄膜太阳能电池、非晶硅薄膜太阳能电池。但是随着研究的逐渐深入，人们发现多晶硅薄膜的晶粒尺寸要达到 100μm 以上时才能展现出良好的光电转换性能，而且大晶粒、转化效率高的高纯多晶硅薄膜的生产工艺比较复杂；此外，非晶硅薄膜太阳能电池的转化效率较低，且存在光致衰退效应。基于以上问题，人们开始对微晶硅薄膜电池进行相关研究[28]。

微晶硅薄膜太阳能电池的制备工艺与非晶硅薄膜太阳能电池兼容，且光谱响应更宽，基本无光致衰退效应。近年来，Sobajima 等[29]将高压沉积技术引入到微晶硅薄膜的制备过程，使沉积速率增加到 8.1nm/s，光电转换效率达 6.3%。Smirnov 等[30]通过优化运行条件，将串联微晶硅薄膜电池的光电转换效率提高到 11.3%。Chen 等[31]采取热丝化学气相沉积技术制备出厚度为 1μm、光电转换效率为 8.0%的微晶硅薄膜太阳能电池。张晓丹等[32]使用甚高频-等离子体增强化学气相沉积法，制得光电转换效率为 6.3%的微晶硅薄膜太阳能电池。Wang 等[33]采用热丝化学气相沉积技术制备过渡层，所得微晶硅太阳能电池的转换效率在光照 1000h 后的衰减低于 10%，具有较好的稳定性。Finger 等[34]同样采用热丝化学气相沉积技术制备过渡层结构，所得微晶硅单质结薄膜电池光电转换效率为 10.3%，稳定性好。

2.3.3 多晶硅薄膜太阳能电池

多晶硅以硅为原材料，我国是世界上硅原矿石储藏国，占全世界已探明储量的 1/3。硅矿石首先冶炼成硅，进一步提纯为高纯多晶硅。国际国内太阳能级别的多晶硅大都利用单晶硅棒纯度略低的头尾料或拉单晶剩的锅底料熔炼、掺杂、勾兑并再次融熔铸锭而成。随着半导体行业的技术提升，单晶硅的头尾料所占的比例越来越小，产量受到单晶硅产量的制约因素越发明显，导致多晶硅成本越来越高。

我国太阳能电池生产企业购买电子级高纯度多晶硅，再与杂料进行混合掺用。兑成 SG 级的太阳能用多晶硅。由于产量的限制和价格大幅度上涨的影响，近年来，采用物理提纯技术生产太阳能电池级多晶硅正在进入产业化阶段[35]。从投资角度来看。一个 1000t 左右的改良西门子法多晶硅生产线，就如同一个中型的现代石化公司，不仅工程设计复杂，耗电量大，而且总投资金额巨大。相比较而言，物理法生产投资和单位能耗大幅度降低。

实验室方面，2020 年 4 月，晶科研发的多晶硅电池片实验室效率达到 23.3%，并被收录于 NREL 电池片转换效率纪录表中，随后阿特斯宣布将该效率提高至 23.81%。7 月，晶科宣布其研发的 N 型单晶硅单结电池片效率达到 24.79%，2021 年 1 月，将该纪录再次刷新到 24.90%，创造了新的大面积 N 型单晶钝化接触电池片效率世界纪录。我国除了在晶硅电池技术方面领先全球外，钙钛矿、有机电池等电池片实验室效率也走在世界前列，2020 年 7 月，杭州纤纳光电以 18.04%的钙钛矿小组件光电转换效率的成绩，第七次蝉联了钙钛矿小组件世界纪录榜首。目前 NREL 电池片转换效率纪录表中，除晶科的多晶硅电池片外，上海交大/北航、中科院化学所和汉能分别研发的有机电池、有机叠层电池和薄膜电池仍保持着世界纪录，图 2-6 展示了我国近十年的硅基太阳能电池片的转换效率[36]。

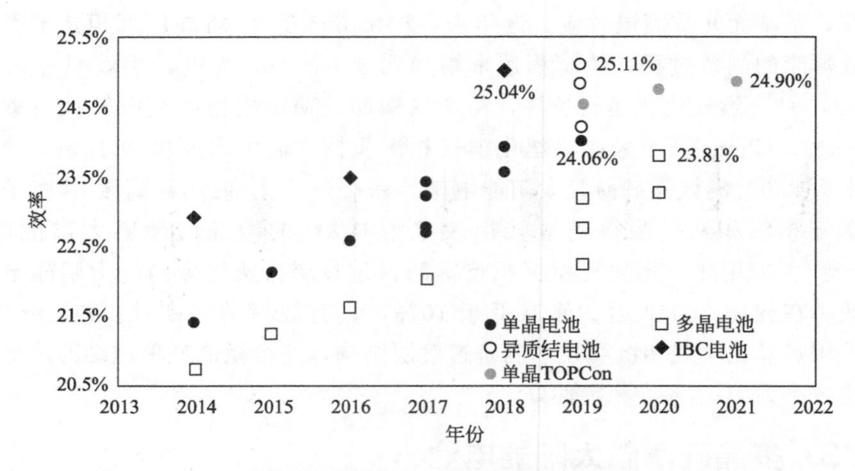

图 2-6　我国光伏晶硅电池实验室效率（数据来源：CPIA. 2021. 2）

薄膜电池除了节省材料外，还有诸多优势和发展潜力，在提高效率和降低成本的要求下，太阳能电池势必走向薄膜化。硅材料因其资源丰富、无毒性、有合适的光学带隙、研究较充分，便于大批量工业生产等优点，被当成制备薄膜电池的主要材料。多晶硅薄膜兼具晶硅的高迁移率，高稳定性及非晶硅的节省原料、工艺简便、便于大面积组件、结构灵活的优点，被认为是最有应用前景的太阳能电池材料，图 2-7 显示了近十年我国光伏电池量产效率数据。目前薄膜电池在走向工业化的过程中，还存在设备的批量化生产和设备一次性投入较高等问题。

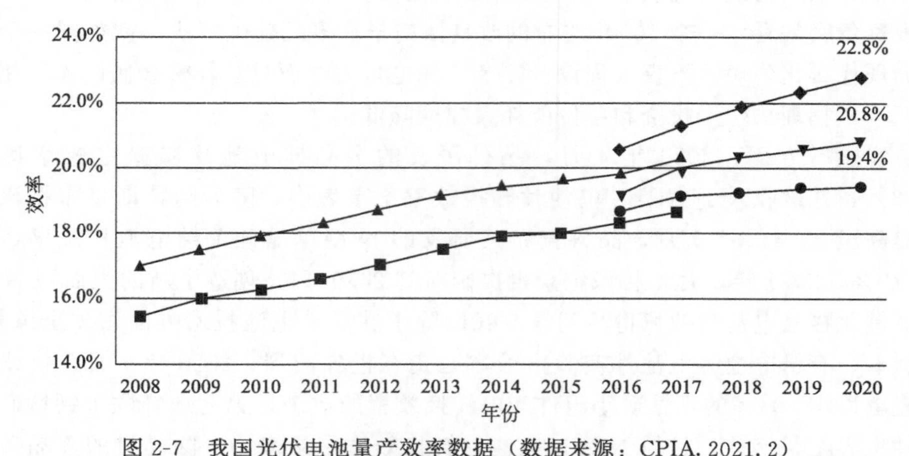

图 2-7　我国光伏电池量产效率数据（数据来源：CPIA. 2021. 2）

—■—多晶电池片　—▲—单晶电池片　—●—黑硅多晶　—▼—PERC 黑硅多晶　—◆—PERC 单晶

总之，晶硅电池的优势地位在较短时间内还难以被取代，尤其是制备成本比单晶硅降低了却仍然拥有良好性能的多晶硅电池。

2.4 工艺实例——钙钛矿晶硅叠层太阳能电池

（1）研究背景

在光伏市场中，性价比是考察各类太阳能电池技术的核心指标。硅基太阳能电池是目前最为成功的商业化电池，其实验室最高认证效率已逼近单节电池的实际效率极限，进一步提升愈发困难。发展叠层太阳能电池技术是克服单结电池效率限制的有效途径之一，理论上，两结叠层设计可以将太阳能电池效率提升至43%左右。有机-无机混合卤化钙钛矿在高效率和低成本两方面展现出巨大潜力，因此，将钙钛矿和硅进行串联形成叠层电池成了光伏领域中热门的研究课题。经测算，当钙钛矿/硅叠层电池效率超过28%时，其性价比将超过单结晶硅电池，因此具有诱人的应用前景。

本实例以钙钛矿晶硅叠层太阳能电池性能发展为主线，首先简要介绍叠层电池的结构；然后介绍叠层电池的关键材料，重点包括透明电极、中间界面层、宽带隙钙钛矿电池；在此基础上，分析叠层电池光电转换效率制约因素及提升途径。

钙钛矿晶硅叠层太阳能电池结构主要有四种，如图 2-8 所示。从工艺开发角度来说，最简单的叠层器件结构是机械堆叠，主要分为四端和两端叠层电池，由于四端电池明显存在更大的寄生吸收和高的制备成本，两端电池具有更好的应用潜力[37]。然而，高效的两端叠层器件对两个子电池之间的连接有更严格的要求，主要包括：①钙钛矿如何在绒面结构的硅表面实现高质量成膜；②中间连接层须兼顾光学减反、内部寄生吸收和载流子复合等问题。通常，为了增加硅电池对太阳光的有效吸收，需要在硅表面进行制绒。通过绒面结构对光线的多次反射，使得光线陷在硅片表面，不仅延长了入射光在硅中的光程，同时增加了电池的光谱响应。然而，在传统微米金字塔硅绒面上制备钙钛矿一直颇具挑战。此外，钙钛矿与晶硅串联的中间连接层设计也需要综合考量，包括寄生吸收、钝化效果和电学性能等[38]。总之，顶底电池以及中间层的制备工艺、光学及电学特性均需优化调整，方能实现高效的两端叠层电池。

（2）研究进展

2013 年，Snaith 等[39]首次提出和设计了钙钛矿/晶硅两端叠层太阳能电池。2015 年，Mailoa 等得到了第一块钙钛矿/硅两端叠层太阳能电池，效率仅为13.7%。随着近几年的快速发展，钙钛矿/硅叠层最高纪录效率已攀升为29.1%[40]。国内在钙钛矿/硅叠层电池研究较少，效率方面与国际也尚有较大差距（22.2%）。目前，得益于单节钙钛矿太阳能电池制备技术积累，已可以通过低温溶液法获得高效率宽带隙钙钛矿顶电池。因此，进一步提升钙钛矿/硅两端叠层电池效率的关键在于，如何在具有绒面结构的硅上实现钙钛矿的高质量成膜

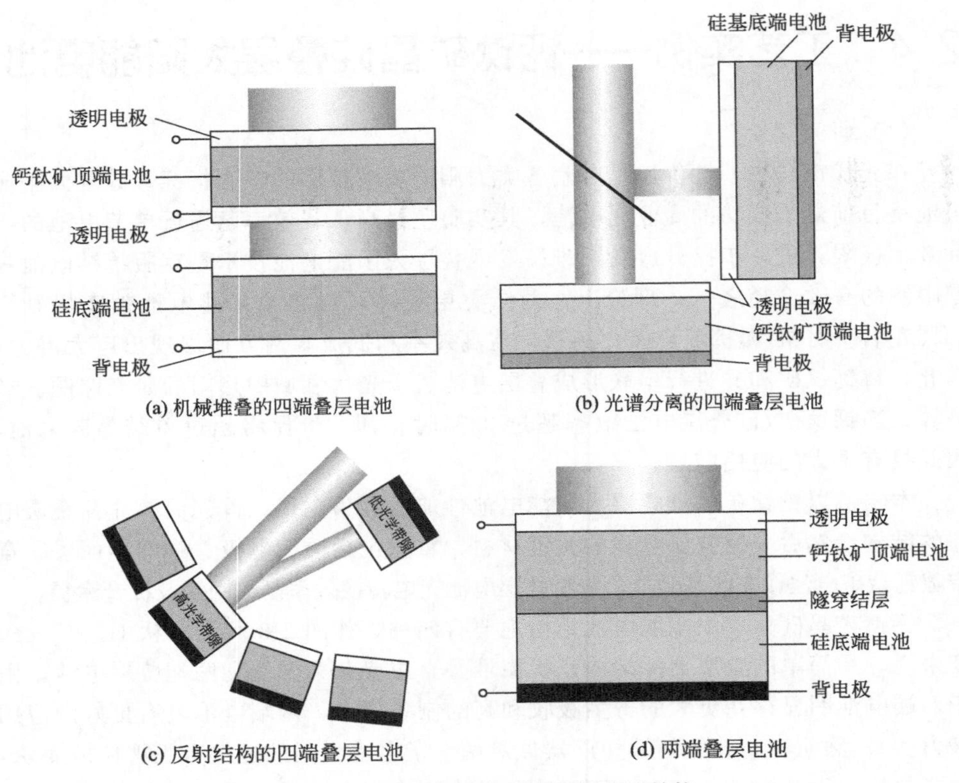

图 2-8　钙钛矿晶硅叠层太阳能电池结构

和顶、底电池中间连接层的光学和电学设计及优化。

高效的光学管理设计与实现是提高叠层电池效率的重要方法。从入光面来看，通过对硅表面进行制绒能有效增强底电池的长波响应和电流密度。2018 年，Florent Sahli 等[41]用蒸镀-溶液混合成膜方法将钙钛矿与微米尺寸的绒度 SHJ 组成叠层电池，利用金字塔结构的陷光作用有效地降低了反射损失，最终叠层电池认证效率为 25.2%。然而，钙钛矿在具有传统微米级金字塔绒面硅上仍难以通过全溶液法实现高质量的保形成膜。2020 年初，黄劲松课题组[42]和 Sargent 课题组[43]分别使用刮涂和旋涂技术，通过制备厚钙钛矿层填平小绒面金字塔，分别实现了 26%和 25.7%的光电转换效率。为了可以更好地成膜，德国亥姆霍兹研究所团队等[44]通过在抛光面晶硅进行光学设计有效地降低了近红外光反射损失、提高了电池电流密度。2020 年末，该团队基于以上技术，结合自组装层设计进一步将钙钛矿/硅叠层电池效率提高至 29.15%[45]。由此可见，兼顾叠层的减反和钙钛矿的高质量成膜是叠层电池效率提升的关键，也是当前的难点。

在叠层电池光学损失中，除了上述的前表面反射损失，还有器件内部寄生吸收。目前大部分钙钛矿/硅两端叠层电池都采用晶体硅异质结（SHJ）作为底电池，在SHJ电池中，需要在硅表面制备一层N型非晶硅，从而形成PN结。由于掺杂非晶硅薄膜的导电性很差，通常需要在其表面制备一层为顶、底电池的载流子提供复合的连接层。该连接层一般为透明导电电极（ITO、IZO等）或者由重掺N型硅/重掺P型硅组成的隧穿结层。然而，掺杂非晶硅、透明电极或隧穿结都存在较严重的光寄生吸收且制备工艺相对复杂，制约了高效率和高性价比钙钛矿/硅叠层电池的实现。而且，通过工艺的调整很难从根本上解决上述的寄生吸收问题。Kim课题组[46]通过晶硅免掺杂异质结电池作为底电池来规避非晶硅的寄生吸收问题。免掺杂异质结技术具有工艺简单、成本低且兼具寄生吸收低(禁带宽度大)、材料范围广等优点，该技术近些年得到了快速发展，成为最具潜力的技术之一。在空穴选择性接触材料方面，近年来大部分研究都集中在高功函数的过渡金属氧化物上，包括氧化钼、氧化钨和氧化钒等，特别是MoO_x，最近已获得了23.5%的光电转换效率。MoO_x可在功函数方面进行广泛调控，并且带隙宽的特性使其具有很高的透光率，因此可以有效地降低光寄生吸收。

基于以上讨论，Kim课题组提出将钙钛矿和晶硅免掺杂异质结组成叠层太阳能电池，通过中间连接层结构设计实现对叠层电池的光学和电学调控和优化。首先设计和制备具有减反效果的纳米金字塔绒面硅以实现钙钛矿的保形生长；将宽带隙、高功函MoO_x取代掺杂非晶硅作为空穴选择性接触层以降低寄生吸收和简化流程；在钙钛矿传输层和MoO_x中间引入超薄金属层取代ITO作为载流子复合层以规避ITO的寄生吸收和潜在漏电风险，该课题组提出的钙钛矿/晶硅免掺杂异质结叠层技术有望为高效及高性价比叠层太阳能电池提供新的设计思路和有力借鉴。

如图2-9所示，2018年，Ballif课题组[47]采用物理沉积法制备钙钛矿及载流子传输层，实现了在双面制绒硅片上制备高质量钙钛矿电池，叠层电池短路电流密度提高到19.5mA/cm^2，叠层电池效率达到25.2%［图2-9（a），图2-9（b）］。与采用双面制绒硅片的策略不同，Mazzarella等[48]采用折射率为2.6的掺杂硅纳米晶的氧化硅薄膜作为中间界面层，减少界面反射，提高底电池的电流密度。而且相比双面制绒硅片的策略，这种结构的叠层电池具有较高的开路电压，叠层电池认证效率达到25.43%［图2-9（c），图2-9（d）］[44]。

（3）关键技术

从叠层电池发展来看，其性能的提升与透明电极、中间界面层、宽带隙钙钛矿电池等关键材料的优化密切相关。

① 透明电极　由于采用金属电极的钙钛矿电池不能应用在叠层电池中，因此初期很多工作致力于采用透明电极取代金属电极。目前研究较多的透明电极包括透明导电氧化物、银纳米线、超薄金属、石墨烯等体系。

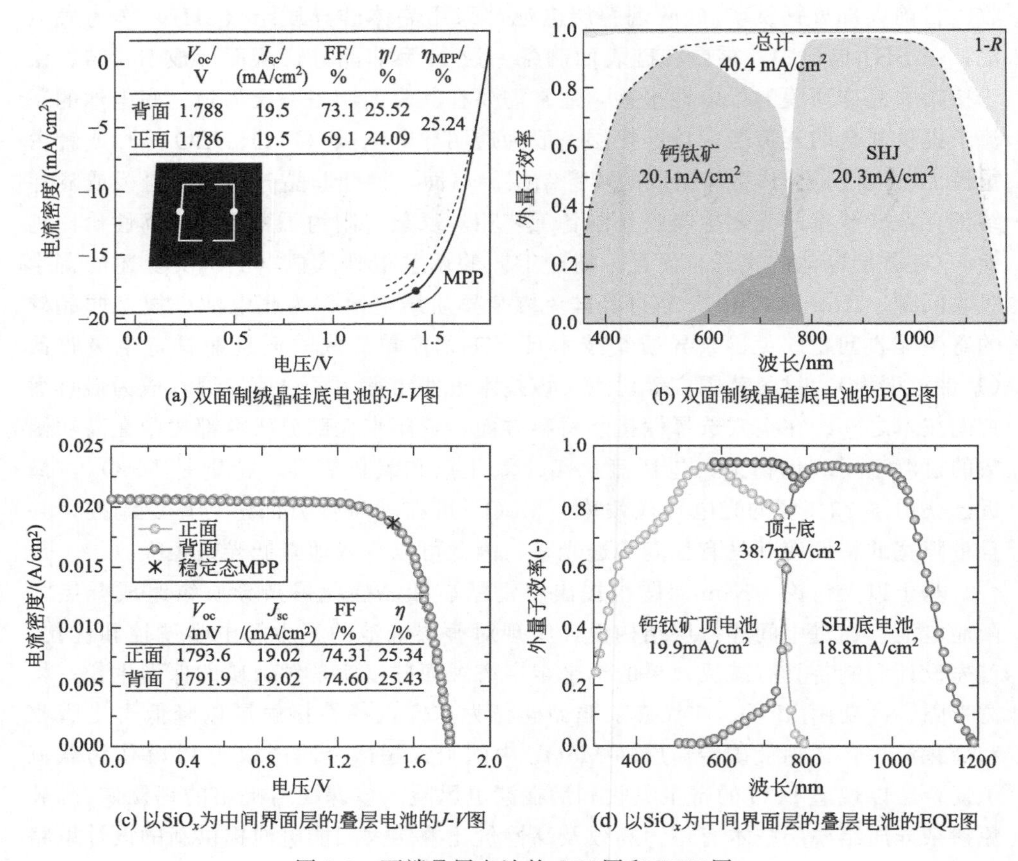

(a) 双面制绒晶硅底电池的J-V图 (b) 双面制绒晶硅底电池的EQE图

(c) 以SiO_x为中间界面层的叠层电池的J-V图 (d) 以SiO_x为中间界面层的叠层电池的EQE图

图 2-9 两端叠层电池的 J-V 图和 EQE 图

溅射的透明导电氧化物薄膜是研究最为广泛的透明电极体系，主要以 ITO 薄膜为主（图 2-10）。但是低温制备的薄膜方阻较高，会影响钙钛矿电池的性能。因此，研究者开始寻找高电导低温透明导电氧化物薄膜体系，最有希望的包括 IZO 和氢掺杂的氧化铟薄膜。Ballif 课题组在低温下制备了迁移率大于

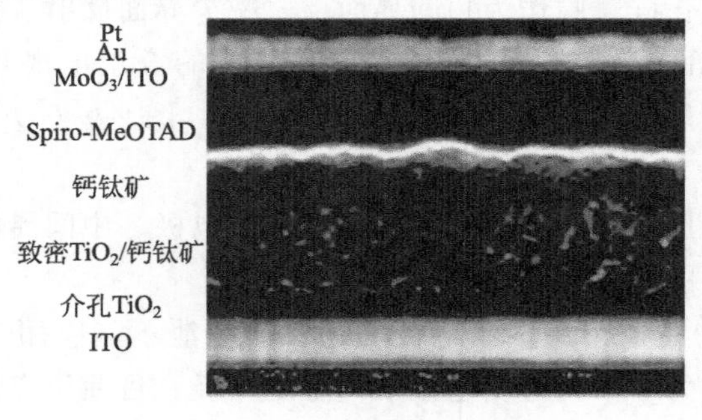

图 2-10 ITO 薄膜透明电极体系

$50cm^2/(V \cdot s)$ 的非晶薄膜，将其应用到半透明钙钛矿电池，实现半透明钙钛矿顶电池效率达 10.3%。

② 中间界面层　两端叠层电池的中间界面层位于顶电池与底电池之间，需要将一个子电池的多子和另一个子电池极性相反的多子复合，因此中间界面层也称为复合层或隧道结。2017 年，Sahli 等[49]采用低温制备的掺杂纳米硅薄膜作为中间隧道结，与 ITO 中间复合层相比，减少了近红外波段的反射和寄生吸收损耗。同时，掺杂纳米硅具有高纵向电导率、低横向电导率的各向异性特性，有利于抑制横向击穿，其一方面容易实现大面积高效电池稳态效率高达 18%；另一方面，可作为双面制绒晶硅电池上的理想中间界面层材料（图 2-11）[45]。

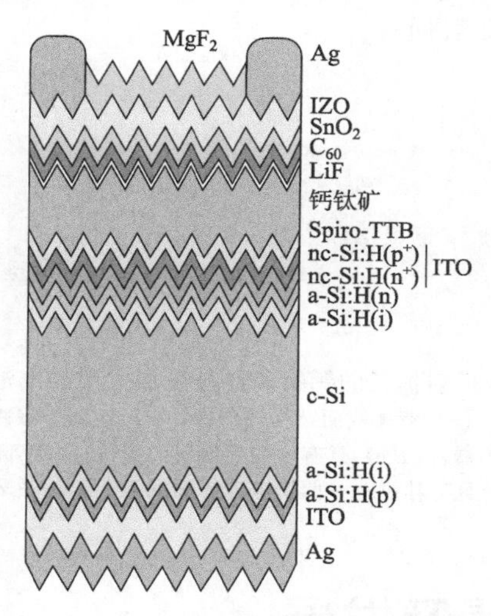

图 2-11　双面制绒晶硅电池结构示意图

③ 寄生损耗及反射损耗　要提高叠层电池的光电转换效率，关键是提高电池的开路电压短路电流密度以及填充因子，减少电池的光学及电学损耗。其中，提高电池短路电流密度的方法主要是降低寄生吸收损耗及反射损耗，其主要来自于载流子传输层、透明导电氧化物以及金属栅线阴影。钙钛矿电池的透明导电氧化物以及相应的缓冲层也会造成一定的寄生吸收，采用低载流子浓度的 TCO 或者降低 TCO 厚度有助于降低寄生吸收。

除了寄生损失外，叠层电池中多个界面上的反射损失也对电池的电流密度存在影响。以两端叠层电池为例［图 2-12（a）］，一般认为电池的反射损失主要来自三个部分：前表面反射 R1、两个电池界面反射 R2、后表面反射 R3。其中 R3 主要是透过钙钛矿及晶硅电池后未被吸收的光子，晶硅电池背面采用绒面结构［图 2-12（b）］可缓解该情况，在斜入射以及全内反的作用下，增加晶硅中的光程，从而提高了电池电流密度，这也是目前叠层电池最常用的结构。为了降低

R1，可以在前表面引入平整减反层或带结构的箔［图 2-12（c）和图 2-12（d）］。带结构的箔通常是模仿金字塔结构，通过减反及陷光双重作用提高顶电池和底电池电流密度。为了降低 R2，可在两个电池界面引入折射率及厚度匹配的界面层［图 2-12（e）］，其中中间层折射率需要介于钙钛矿载流子传输层及硅薄膜之间，才能有效降低界面反射，提高晶硅底电池的电流密度。降低反射损失的另外一种办法是采用双面制绒的晶硅底电池［图 2-12（f）］，在陷光和减反的共同作用下，提高顶电池和底电池的电流密度。目前，EPFL 课题组[50]通过热蒸发结合涂布两步法制备了钙钛矿层，实现在双面制绒的晶硅电池上制备高质量钙钛矿电池，相比平整前表面，绒面前表面使得总反射损失降低到 1.64mA/cm^2，这也是目前报道的较小反射损失。

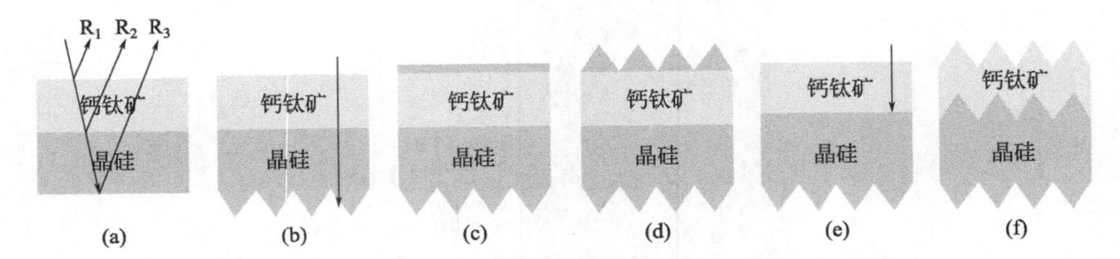

图 2-12　降低反射损耗的钙钛矿晶硅叠层太阳能电池结构示意图

（a）平面器件；（b）背面绒面结构的器件；（c）正面带有减反层的器件；
（d）正面带结构箔的器件；（e）具有中间界面层的器件；（f）双面制绒结构的器件
R_1—前表面反射；R_2—两个电池界面反射；R_3—后表面反射

2.5　行业展望及发展

2020 年 9 月 22 日，习近平主席在第七十五届联合国大会一般性辩论上提出了“碳达峰、碳中和”目标，此后多次在重大国际场合就“碳达峰、碳中和”目标发表过重要讲话。2020 年 10 月 31 日，《求是》杂志发表习近平总书记重要文章《国家中长期经济社会发展战略若干重大问题》，文中明确表示，要拉长长板，尤其可以通过新能源等领域的全产业链优势来拉紧国际产业链对我国的依存关系，充分肯定了我国光伏产业在国际上的领先地位。自“碳达峰、碳中和”目标提出以来，金融市场对光伏板块的关注度开始快速上升。光伏相关的基金陆续上市发行；政策性银行、商业银行等纷纷表态要向风电和光伏等可再生能源行业倾斜；国家绿色发展基金重点关注光伏领域。

从光伏组件出口市场来看，2020 年光伏组件主要出口市场中传统市场活力不减，其中荷兰和越南市场份额增长明显。在光伏发电成本持续降低以及欧盟绿色协议的背景下，欧洲市场保持增长势头，荷兰作为欧洲市场的集散中心出口量持续增长。越南新一轮 FIT 政策引发了越南屋顶光伏的抢装热潮，根据越南工贸部的公告显示，2020 年越南光伏新增装机为 10.75GW，成为全球第三大光伏市场，其中屋顶光伏装机超过 9GW。越南市场新增装机猛增，对我国组件需求明显增长，成为第二大光伏组件出口市场。印度市场受新冠肺炎疫情影响，市场需求下降较为明显。曾经的新兴市场乌克兰因其国内电价的下降致使光伏项目的收益有所降低，投资热情减退，市场需求下降。墨西哥市场受到清洁能源拍卖的取消以及后续政策不确定性的影响未能延续之前的增长势头，市场需求有所下降。

目前，越来越多的国家和地区采取一定的措施来应对全球气候变化，共同推动疫情后世界经济“绿色复苏”。除中国以外，日本、韩国等许多国家和经济体也陆续提出了各自实现“碳中和”的目标，欧盟成员国同意将 2030 年温室气体减排目标提高至 55%，可持续性的政策支持以及电价不断下降带来的竞争力，使可再生能源的发展上升至空前的战略高度，全球光伏市场增速将加快。

参考文献

[1] 涂强，莫建雷，范英. 中国可再生能源政策演化、效果评估与未来展望[J]. 资源与环境，2020，30(3)：29-36.

[2] 潘旭东，黄豫，唐金锐，等. 新能源发电发展的影响因素分析及前景展望[J]. 智慧电力，2019，47(11)：41-47.

[3] Villar F，Antony A，EscarréJ，et al. Amorphous silicon thin film solar cells deposited entirely by hot-wire chemical vapor deposition at low temperature[J]. Thin Solid Films，2009，517(12)：35-75.

[4] 林源. 薄膜太阳能电池的研究与应用进展[J]. 化工新型材料，2018，46.

[5] Meng F，Liu J N，Shen L L，et al. High-quality industrial n-type silicon wafers with an efficiency of over 23% for Si heterojunction solar cells[J]. Frontiers in Energy，2017，11(1)：78-84.

[6] Sobajima Y，Nishino M，Fukumori T，et al. Solar cell of 6.3% efficiency employing high deposition rate (8nm/s) microcrystalline silicon photo voltaic layer [J]. Solar Energy Mater Solar Cells，2009，93：980.

[7] 杨显彬. 掺杂硼铝背场对晶体硅太阳电池性能的影响[D]. 北京：北京交通大学，2014.

[8] 赵良，白建华，辛颂旭，等. 中国可再生能源发展路径研究[J]. 中国电力，2016，49(01)：178-184.

[9] 王瑶. 单晶硅太阳能电池生产工艺的研究[D]. 长沙：湖南大学，2010.

[10] 王森涛，焦朋府，张波. 对单晶硅太阳能电池生产工艺的研究[J]. 化工管理，2017(11)：66.

[11] 白路. 晶体硅太阳电池红外链式烧结炉技术研究[C]. 中国光伏大会，2013.

[12] 王东，杨冠东，刘富德. 光伏电池原理及应用[M]. 北京：化学工业出版社，2014.

[13] 辛培裕. 太阳能发电技术的综合评价及应用前景研究[D]. 北京：华北电力大学，2015.

[14] 周涛，陆晓东，张明晶，等. 硅太阳能电池发展状况及趋势[J]. 激光与光电子学进展，2013，50：030002.

[15] 朱秋霞. 硅基光伏太阳能的研究态势分析[D]. 保定：河北大学，2014.

[16] 盛飞. 高效聚光太阳能电池及光伏系统关键技术研究[D]. 武汉：湖北工业大学，2015.

[17] 韩晓艳. 低成本硅薄膜太阳电池制造技术研究[D]. 天津：南开大学，2009.

[18] Smirnov V, Das C, Thomas M, et al. Improved homogeneity of microcrystalline absorber layer in thin-film silicon tandem solar cells[J]. Mater Sci Eng B, 2009, 159-160: 44.

[19] Zhao J, Wang A, Altermatt P P, et al, 24% efficient PERL silicon solar cell: Recent improvements in high efficiency silicon cell research[J]. Solar Energy Material &Solar Cells, 1996, 41/42: 87-99.

[20] Mishima T, Taguchi M, Sakata H, et al. Development status of high-efficiency HIT solar cells[J]. Solar Energy Materials and Solar Cells, 2011, 95(1): 18-21.

[21] Green M A, Zhao J, Wang A, et al. Progress and outlook for high efficiency crystalline silicon solar cells[J]. Solar Energy Materials and Solar Cells,2001,65(10): 9-16.

[22] 邓庆维，黄永光，朱洪亮. 25%效率晶体硅基太阳能电池的最新进展[J]. 激光与光电子学进展，2015，52: 110002.

[23] 宋登元，郑小强. 高效率晶体硅太阳电池研究及产业化进展[J]. 半导体技术，2013，38(11): 801-806.

[24] Green M A. The passivated emitter and rear cell(PERC): from conception to mass production[J]. Solar Energy Materials and Solar Cells,2015,143: 190-197.

[25] Gu X, Yu X G,Yang D R. Efficiency improvement of crystalline silicon solar cells with a back surface field produced by boron and aluminum co-doping[J]. Scripta materialia, 2012,66: 394-397.

[26] 尹炳坤，蒋芳. 非晶硅薄膜太阳能电池研究进展[J]. 广州化工，2012,40(8): 31-33.

[27] 钟全. 非晶硅薄膜太阳能电池激光刻线工艺研究及设备优化[D]. 成都：电子科技大学，2018.

[28] 程华，赵新明. 微晶硅薄膜电池的发展现状及制备技术研究[J]. 科技资讯，2016，14(33): 38-40.

[29] Chantana J, Y Yang, Y Sobajima. Localized surface plasmon enhanced microcrystalline-silicon solar cells[J]. Journal of Non-Crystalline Solids, 2012, 358(17): 2319-2323.

[30] Smeets M, Smirnov V, Meier M. On the geometry of plasmonic reflection grating back contacts for light trapping in prototype amorphous silicon thin-film solar cells[J]. Journal of Photonics for Energy, 2014, 5(1): 057004.

[31] Chen C-C, Hong Z, Li G, et al. One-step, low-temperature deposited perovskite solar cell utilizing small molecule additive[J]. Journal of Photonics for Energy, 2015, 5(1): 057405.

[32] 赵颖，侯国付，张晓丹. "十二五"期间我国太阳能电池研究进展[J]. 太阳能，2016(06): 28-32.

[33] Ming F U,Siguo C, Yue W, et al. Effects of Te-Bi glass frit on performances of front silver contacts for crystalline silicon solar cells[J]. Journal of Inorganic Materials, 2016, 31(8): 785-790.

[34] Mai Y, Klein S, Carius R, et al. Microcrystalline silicon solar cells deposited at high rates[J]. Journal of Applied Physics. 2005, 79: 114913-114913.

[35] Yoshikawa K, Yoshida W,Irie T, et al. Exceeding conversion efficiency of 26% by heterojunction interdigitated back contact solar cell with thin film Si technology[J]. Solar Energy Materials and Solar Cells, 2017, 173: 37-42.

[36] Park N G, Zhu K. Scalable fabrication and coating methods for perovskite solar cells and solar modules [J]. Nature Reviews Materials, 2020, 5: 333-350.

[37] Uzu H, Ichikawa M, Hino M, et al. High efficiency solar cells combining a perovskite and a silicon heterojunction solar cells via an optical splitting system[J]. Applied Physics Letters, 2015, 106 (1): 013506.

[38] Sheng R, Ho-Baillie A W Y, Huang S, et al. Four-terminal tandem solar cells using $CH_3NH_3PbBr_3$ by spectrum splitting[J]. The Journal of Physical Chemistry Letters, 2015, 6 (19): 3931-3934.

[39] Liu M, Johnston M B, Snaith H J. Efficient planar heterojunction perovskite solar cells by vapour deposition[J]. Nature, 2013, 501(7467): 395-398.
[40] Huang P, Kazim S, Wang M K, et al. Toward phase stability: dion-jacobson layered perovskite for solar cells[J]. ACS Energy Lett, 2019, 4(12): 2960-2974.
[41] Florent Sahli, Jérémie Werner, Brett A K. Fully textured monolithic perovskite/silicon tandem solar cells with 25.2% power conversion efficiency[J]. Nature Materials, 2018, 17: 820-826.
[42] Chen S, Dai X, Xu S, et al. Stabilizing perovskite-substrate interfaces for high performance perovskite modules[J]. Science, 2021, 373: 902-907.
[43] Brandon R S, Andrew K J, Edward H S. Sensitive, fast, and stable perovskite photodetectors exploiting interface engineering[J]. ACS Photonics, 2015, 2(8): 1117-1123.
[44] Yin H, Li L, Yang G, et al. Study on crystallization behaviors of As-Se-Bi chalcogenide glasses[J]. Journal of the American Ceramic Society, 2017, 100(12): 5512-5520.
[45] Yamada Y. Concentrated battery electrolytes: developing new functions by manipulating the coordination states[J]. Bulletin of the Chemical Society of Japan, 2020, 93(1): 109.
[46] Park H, Kwon S, Kim D. Improvement on surface texturing of single crystalline silicon for solar cells by saw-damage etching using an acidic solution[J]. Solar Energy Materials and Solar Cells, 2009, 93(10): 1773-1778.
[47] Sahli F, Kamino B A, Ballif C. Improved optics in monolithic Perovskite/silicon tandem solar cells with a nanocrystalline silicon recombination junction[J]. Advanced Energy Materials, 2018, 6: 1701609.
[48] Mazzarella L, Morales-Vilches A B, Korte L. Ultra-thin nanocrystalline N-type silicon oxide front contact layers for rear-emitter silicon heterojunction solar cells[J]. Solar Energy Materials and Solar Cells, 2018, 179: 386-391.
[49] Sahli F, Kamino B A, Werner J. Improved optics in monolithic Perovskite/silicon tandem solar cells with a nanocrystalline silicon recombination junction[J]. Advanced Energy Materials, 2017, 8(6): 1701609.
[50] Mehmood H, Nasser H, Muhammad S. Physical device simulation of dopant-free asymmetric silicon heterojunction solar cell featuring tungsten oxide as a hole-selective layer with ultrathin silicon oxide passivation layer[J]. Renewable Energy, 2022, 183: 188-201.

第3章

染料敏化太阳能电池

太阳能作为一种可持续利用、地域广的清洁能源，其潜力十分巨大，有着不可估量的发展潜力。1991 年，瑞士联邦工学院的 M. Grätzel 教授在 Nature 期刊上报道的染料敏化太阳能电池，以羧酸联吡啶钌（Ⅱ）配合物作为染料（简称 N3)，在模拟 AM1.5 太阳光照射下，得到了 7%的光电转化效率[1]。目前，DSSC 在实验室的转化效率已达 12.3%，商品化达 7%，寿命在 15 年以上，制造成本仅为硅太阳能电池的 1/5～1/10，但其在提高光电转换效率研究上目前已遇到瓶颈[2]。本章将从研究比较集中的光阳极改性、染料性能提升两个方面重点阐述，其他部分的研究介绍详见第 1 章。

3.1 染料敏化太阳能电池概述

3.1.1 染料敏化太阳能电池发展概况

DSSC 电池的研究中染料性能的优劣将直接影响电池的光电转换效率，理想的染料必须能提高光激发的效率，扩展激发波长至可见光区域，进而达到提高光电能转换效率的目的。目前为止，联吡啶钌系列配合物的光敏效果最好，除经典的 N3 染料外，相继出现了 N719、N749、K19、YE05、JK-1、JK-2、K77、D149、D205 等著名的 DSSC 专用染料，试图提高光电转化效率[3]。2008 年中科院长春应用化学研究所王鹏课题组制备了一系列高摩尔吸光系数的钌多吡啶配合物敏化剂 C101、C102、C104、C203 等，其中 C101 增强介孔 TiO_2 薄膜的光吸收能力和 DSSC 的电荷收集效率，与基于乙腈电解质结合使用，DSSC 的 η 达到 11.3%的国际领先水平[4]。经过 20 多年的努力，效率仅提高了 1.6%，DSSC 的发展处于研究瓶颈。一直以来人们都在尝试寻找联吡啶配合物以外的其他替代敏化剂，研究人员探索了多种染料在染料敏化电池中的应用前景[5]。Arakawa 研究小组制备的多烯类染料、香豆素类染料在相同的实验条件下取得了与 N3 分子相当的光电转化效率，可达到 7.7%[6]。Uchida 等也尝试将二氢吲哚类染料应用到染料敏化电池中，得到了高达 8% 的光电转化效率[7]。近年来，研究者发现，使用多种染料相互配合，使得不同染料之间可以在吸光带上互补，进而达到提高电池性能的目的（称之为“共敏化”），它不仅可以补偿单一增感材料的自身缺陷，而且也可以进一步完善增感物质的光敏性，改进与太阳光谱的匹配，从而达到更好地提高染料敏化太阳能电池转换效率的目的[8]。2004 年，James R. Durrant 课题组引起了染料敏化电池中共敏化的研究热潮，他们对 RuPc 和 $RuL_2(CN)_2$ 两种染料共敏化 TiO_2 的光电性能进行了研究，结果显示 $TiO_2/RuL_2(CN)_2/Al_2O_3/RuPc$ 复合电极较单一敏化剂的 $TiO_2/RuPc$ 呈现优良的光电特性[9]。Zhang 课题组利用瞬态谱研究了二羟基环丁烯二酮类敏化剂和 N3 染料的共敏化机理[10]。Grätzel 课题组将二噻吩（JK2）和酞菁蓝（SQ1）敏化剂共敏化于太阳能电池，并且得到 7.43% 光电转化效率，该结果为目前所见的金属有机染料共敏化的研究报道中的最高效率[11]。然而，关于共敏化在半导体氧化物晶格中的作用机制还尚未进入研究阶段，哈尔滨工业大学杨玉林课题组在这一方面已经做了一些基础研究工作[12]。降低光阳极半导体带宽及染料的共敏化均可以提高 DSSC 光电效率，但如何利用二者的优势，找到最佳结合点，结合实验与理论计算找出光电性能优异的表面修饰共敏化太阳能电池会成为提高光电效率的主要突破方向和研究热点。

3.1.2 染料敏化太阳能电池结构及工作原理

染料敏化纳米晶太阳能电池结构中主要由导电玻璃、纳米晶薄膜、敏化剂、电解液、背电极几个部分组成，如图 3-1 所示。

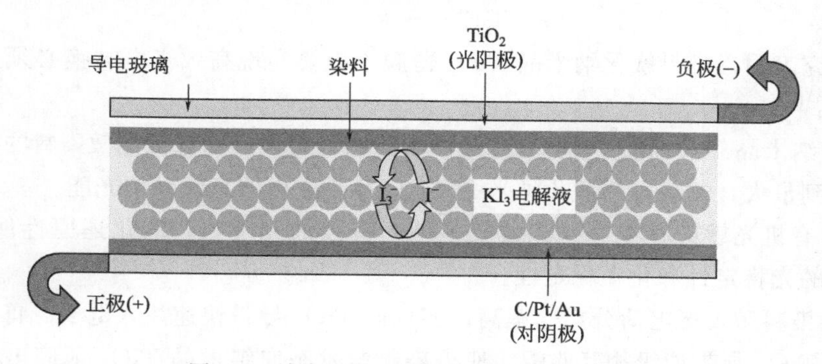

图 3-1 纳米 TiO_2 太阳能电池组装示意图

当用能量低于锐钛矿相 TiO_2 的禁带宽度（$E_g = 3.2eV$），且大于染料分子特征吸收波长的入射光照射到电极上时，吸附在电极表面的染料分子中的电子受到激发后跃迁至激发态，然后注入到 TiO_2 的导带上，此时染料分子自身转变为氧化态。同时，注入到 TiO_2 导带的电子富集到导电基片上，由外电路流向对电极，形成电流。处于氧化态的染料分子通过电解质溶液中的电子给体，自身恢复为还原态，使得染料分子得到再生。而被氧化的电子给体扩散至对电极，在电极表面被还原，从而完成 DSSCs 的一个光电化学反应循环，光电子传输过程如图 3-2 所示。

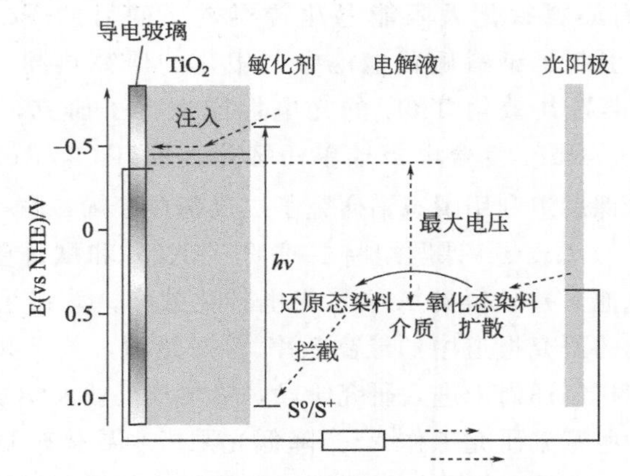

图 3-2　染料敏化纳米晶太阳能电池工作原理[1]

TiO_2 光阳极：

$$D+h\nu \longrightarrow D^* \tag{3-1}$$

$$D^* \longrightarrow e^-(CB)+D^+ \tag{3-2}$$

$$2D^+ +3I^- \longrightarrow 2D+I_3^- \tag{3-3}$$

Pt 阴极：

$$I_3^- +2e^-(CE) \longrightarrow 3I^- \tag{3-4}$$

研究表明，染料敏化纳米晶 TiO_2 薄膜电极要实现高效光电转换必须达到以下条件：

① 纳米晶 TiO_2 薄膜电极具有足够大的比表面积，使有机光敏染料的单层吸附量达到最大，实现染料敏化纳米晶 TiO_2 薄膜电极的高效采集光能。

② 有机光敏染料在可见光波长范围内有强的光吸收，氧化还原性能可逆，有良好的光稳定性和化学稳定性。

③ 染料激发态电荷分离效率高，实现向 TiO_2 导带快速注入电子。首先要求染料与 TiO_2 导带能级相互匹配，使得染料激发态向纳米晶 TiO_2 薄膜电极的导带注入电子成为热力学的可行过程，而且染料在薄膜电极表面有良好的吸附能力，只有通过吸附功能基团增强两者的相互作用，才能实现激发电子的高速注入。

④ 电解液中氧化还原离子性能可逆，并与染料的氧化态能级匹配，减少染

料再生反应中的电压损失；加速电解液中氧化离子在导电玻璃上进行的还原反应，减少能量损失。

⑤ 提高纳米晶 TiO_2 薄膜电极的电子输运和导电玻璃的收集电子效率，降低纳米晶 TiO_2 薄膜电极、导电玻璃的电阻及两者之间的接触电阻，减少和消除电子输运过程中的复合损失；抑制注入纳米晶 TiO_2 薄膜电极导带中的电子与染料氧化态或与电解液中氧化离子的复合反应，以提高电子注入效率，增大光电流效率。

因此，为了提高电池的光电转化效率，应从纳米氧化物薄膜光电极、敏化剂、电解质、对电极几个方面进行研究[13]。

3.2 纳米晶光阳极

在 DSSC 中应用的薄膜材料主要是纳米 TiO_2、WO_3、ZnO、SnO_2、Nb_2O_5 和 CeO_2[14] 等半导体氧化物，其主要作用是利用其巨大的表面积来吸附单分子层染料，同时也充当电荷分离和传输的载体，常见半导体能级结构示意图见图 3-3。自 1991 年来，性能最为优良的仍是纳米 TiO_2 半导体。TiO_2 是一种资源丰富、无污染、化学性质极其稳定的半导体材料，因此对它的研究一开始就受到科学家们的高度重视，一些科学家将这一研究称为“阳光工程”，或者“光洁革命”，已经广泛应用于光催化、光致反应变色、光生伏打和电变色等领域。TiO_2

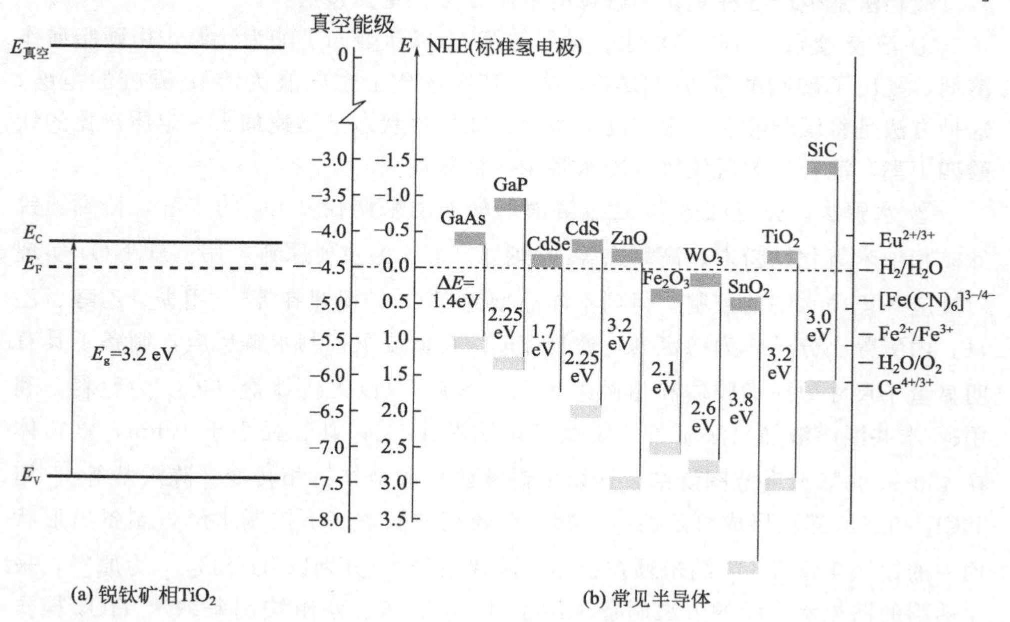

图 3-3　常见半导体能级结构示意图

的晶型有金红石、锐钛矿、板钛矿三种。板钛矿型 TiO_2 几乎不具有光催化活性，而且热稳定性很低，因此研究价值不高。最常用的主要是锐钛矿和金红石相。金红石的禁带宽度（3.0eV）较锐钛矿的禁带（3.2eV）略窄；金红石的光腐蚀性较强，而锐钛矿光稳定性较好，表面富有羟基，因此具有很强的光催化活性。锐钛矿型和金红石型 TiO_2 光催化活性上的差异与其电子结构和表面结构等性质有着密切的关系，因为锐钛矿相晶格内有较多的缺陷和位错网，产生较多的氧空位来俘获电子，而金红石相是 TiO_2 中最稳定的同质异构形式，具有较高的晶化态，存在较少的结构缺陷来俘获电子，因此加快了电子与空穴的复合速率。当锐钛矿 TiO_2 的颗粒尺寸下降到纳米级时，更适合做光电化学太阳能电池中的半导体电极材料，同时也是在环保方面有广阔应用前景的光催化材料[15-17]。

3.2.1 纳米氧化物的合成

目前，制备纳米氧化物的方法很多，主要有气相法、液相法和固相法。气相法主要包括等离子体法、激光化学法、溅射法、气相水解法。气相法制备的纳米氧化物具有粒度好、粒子呈球形、凝聚粒子小、化学活性高、可见光透光性好及吸收紫外线以外的光能力强等特点，但产率较低、成本高。固相法主要包括高能球磨法、机械粉碎法等。液相法包括溶胶-凝胶法、W/O 微乳液法、水解法、水热法、相转移法等。在目前的研究中，最常用的是液相法和气相法。

液相法是生产各种氧化物微粒的常用方法。主要包括：

① 溶胶-凝胶（sol-gel）法。吴凤清等[18]以钛酸四丁酯为钛源，用硬脂酸作溶剂，提出了硬脂酸凝胶（SAG）法，其在本质上也归属为溶胶-凝胶的范畴，这种方法是将硬脂酸在一定温度下熔化，在搅拌状态下迅速加入一定质量比的钛酸四丁酯，混合均匀后放置于冷水浴中，使其凝固。

② 水解法。张青红等[19]通过溶液的酸碱度来调控 TiO_2 的水解，得到纯锐钛矿相纳米氧化钛粉末。高荣杰等[20]则以 $TiCl_4$ 为主要原料，用 NH_4NO_3 实现对反应环境中水解的控制，得到不同晶型的 TiO_2。祝迎春等[21]用少量乙醇、乙氰、丙酮等小分子作为稳定剂，通过 $TiCl_4$ 在低温下控制水解反应，制备了具有明显量子尺寸效应的胶体和超微细粉末。李燕[22]以无机钛盐 $TiCl_4$ 为原料，利用醇-水共混溶液加热法制备了锐钛矿相纳米 TiO_2，其粒径小于 10nm，该粉体在 450～560℃温度范围烧结，开始由锐钛矿相向金红石相转变。陈洪龄等[23]用 $TiCl_4$ 和三乙醇胺形成可溶性络合物，在较高的钛浓度下控制水解，制备出形状均一的锐钛矿型 TiO_2 纳米颗粒粉体。陈代荣等[24]分别以 $Ti(SO_4)_2$ 为原料，采用沸腾的回流水水解的方法制备了纳米 TiO_2 粉末。水解法制备纳米 TiO_2 操作简单，成本相对比较低，而且控制不同条件可以直接得到用其他方法需经高温下

煅烧才能得到的金红石型 TiO_2，但在洗涤、过滤和干燥的过程中易发生流失和颗粒团聚，使纳米 TiO_2 的收率不高、粒径尺寸不理想，若能克服洗涤干燥过程的流失、团聚问题，该法当为最经济的方法。

③ W/O 微乳液法。乳液法是利用两种互不相溶的溶剂在表面活性剂的作用下形成一种均一的乳液，从乳液中析出固相来制备纳米材料的方法。该方法成本较高，团聚较严重，反应条件不易控制，重复性不理想。

④ 相转移法。相转移法是由钛盐在碱性条件下水解沉淀后，再立即用酸胶溶凝胶，然后干燥制得纳米 TiO_2[25]。

⑤ 水热法。水热法具有原料易得、反应温度低等特点，是最有应用前景的方法之一。该方法采用水溶液作为反应介质，具有温和的反应环境，使得制备的纳米 TiO_2 粉体的晶粒生长完整，晶体生长取向一致，原始粒径小，其大小可以控制在几到几十纳米之间，尺度小且彼此分离，分布较均匀。该方法对原料要求不高，成本相对较低。

3.2.2 纳米半导体氧化物的表面改性

为了进一步提高纳米 TiO_2 的光催化效率，必需对其表面进行改性。目前文献上报道了多种手段用于对纳米 TiO_2 进行改性，包括：

① 贵金属沉积[26]。已经应用于研究中的金属半导体体系有 Ag-TiO_2、Ru-TiO_2、Rh-TiO_2、Pd-TiO_2 等，该类方法的缺点是成本过高，且沉积量对半导体的活性有很大影响，沉积量过大有可能使金属成为电子和空穴复合的中心，不利于光催化反应。

② 染料敏化[27]。常用的光敏化剂为酞菁、玫瑰红、曙红等，这些染料在可见光下通常具有较大的激发因子，光敏化效率高，稳定性好的优点。

③ 离子掺杂[28]。提高可见光利用率的关键技术在于改变催化剂的禁带宽度，通过在半导体中掺杂不同价态的离子会使 TiO_2 的吸收波长范围拓展到可见光区，增加对太阳能的转化和利用，还可能影响电子-空穴对的复合速度，提高表面羟基位，从而改变 TiO_2 的光催化活性。研究者们早期主要利用三类离子进行掺杂：过渡金属离子、稀土离子和非金属离子。但是金属离子只有一些特定的离子（如 Fe^{3+}、V^{4+}）有利于提高光催化效率，其他金属离子的掺杂反而是有害的。另外，利用过渡金属掺杂的方法还会产生其他一些问题，如热稳定性差，光吸收产生的电子和空穴的复合概率大等。研究结果显示，对 TiO_2 进行氮掺杂改性是一种十分有效的方法。在过去的几十年中，科学家们在这方面做了很多尝试。

④ 表面超强酸化[29]。一方面，通过 TiO_2 的 SO_4^{2-} 表面修饰（超强酸化），使催化剂结构有了明显的改善；另一方面，超强酸催化剂表面受 SO_4^{2-} 诱导产生相邻的 L 酸中心和 B 酸中心组成了集团协同作用的超强酸中心，具有可逆吸附

水的功能，增强了催化剂的表面酸性，增大了表面酸量及 O_2 吸附量，促进了光生电子和空穴的分离及界面电荷转移，提高了电子-空穴对的寿命。

⑤ 半导体复合[30]。半导体偶合法是将两种不同禁带宽度的半导体进行复合。所报道的复合体系有 $CdS-TiO_2$、WO_3-TiO_2、SnO_2-TiO_2 等。从本质上看，半导体复合可以看成是一种颗粒对另一种颗粒的表面修饰。Kamat 等[31]将 CdSe 微粒成功地修饰在 TiO_2 薄膜上，其光吸收范围由紫外区拓宽至可见光区，呈现出良好的光电转换性能，但是 CdSe 具有一定的毒性，限制了它的应用。Dong 等[32]采用溶胶-凝胶法将 GeO_2 掺入 TiO_2 之中形成胶体，最终得到 TiO_2-GeO_2 多孔薄膜，取得良好的表面形态；采用同样的方法将 ZrO_2 掺入 TiO_2 形成 TiO_2-ZrO_2 薄膜并取得了良好的光电转换效率，ZrO_2 的加入增大了比表面积，提高了短路电流，禁带宽度的增加导致了开路电压的提高。Bandara 等[33]直接将 MgO 掺入 P25，并经过酸处理，采用丝网印刷法制备出 TiO_2-MgO 复合薄膜，取得了较好的光电转换效率，同时指出 MgO 的加入既改变了禁带宽度，又形成复合层延长染料激发态存在的时间，有效地抑制了电荷复合。Taguchi 等[34]采用 CuI 为固态电解质，制备了 TiO_2-MgO 薄膜获得了良好的光电转换效率。Pavasupree 等[35]将 P25 添加到 TiO_2 溶胶后制成纳米多孔双层薄膜，呈现了良好的光电性能。Wang 等[36]利用纳米 PbS 修饰 TiO_2 纳米多孔薄膜。Huang 等[37]用溶胶-凝胶法制备的 $ZnO-TiO_2$ 薄膜取得了 9.8%的转换率，认为 ZnO 改善了薄膜表面性能，使得 TiO_2 导带中传输的自由电子数量较多，减少了电荷之间的复合，提高了转化率。

2001 年 Asahi 等[38]报道用非金属 N 替换 TiO_2 中少量的晶格氧能使其不仅具有可见光活性而且还不损失其紫外光活性，自此，N、C、S、F 等非金属掺杂型 TiO_2 光活性剂迅速引起了国内外学者的广泛关注和研究，并被誉为第二代光催化材料[39]。其中，氮掺杂 TiO_2 光活性剂的研究最受瞩目。研究者们不断提出制备 N 掺杂 TiO_2 的新方法，尝试通过实验研究和理论计算对掺杂 N 在 TiO_2 晶格中的状态进行分析，并试图揭示 N 掺杂 TiO_2 的可见光活性机制。然而，关于掺杂 N 在 TiO_2 晶格中的状态及其可见光活性机制一直处于争议之中，这使得 N 掺杂 TiO_2 光活性剂的研究成为国际热点研究课题。

综合文献报道，将 N 掺杂 TiO_2 的制备主要分为以下三种方法：物理法，化学法和综合法。

(1) 物理法

物理法是采用高能消耗的方式，“强制”材料“细化”得到纳米材料，例如球磨法、激光溅射法、惰性气体蒸发法、电弧法等。物理法制备纳米材料的优点是纯度高，缺点是产量低、设备投入大。

① 高能球磨法　高能球磨法是将大块物料放入高能球磨机或气流磨中，利用介质和物料之间的相互研磨使物料细化，其产物一般为粒状粉，形状为不规则的块状，表面易与介质发生化学反应而受到污染。粒子因受到多次变形、硬化和断裂，会有大量表面缺陷存在，因而表面活性极高。Yin 等[40]以 P25 纳米 TiO_2 粉体为原料，先将粉体与六亚甲基四胺（$C_6H_{12}N_4$，用量 5%～15%）混合均匀，再在行星球磨机上于 100～700r/min 转速下进行研磨，最后将研磨产物在 400℃下煅烧以除去六亚甲基四胺及其副产物，制得了分别在 400nm 和 540nm 有两处吸收峰的 N 掺杂 TiO_2 光活性剂。此后，他们为避免残留的 C 和有机物影响催化剂的活性，改用尿素或碳酸铵取代六亚甲基四胺。此外，Abe 等[41]将水热法制备的 TiO_2 粉与氨水混合后，在球磨机上进行研磨，所得产物经 110℃空气气氛下干燥后得氮掺杂 TiO_2 光活性剂。Li 等[42]则提供了一条在氨气气氛下球磨 TiO_2 粉末制备高比表面积 $TiO_{2-x}N_x$ 光活性剂的新途径。虽然文献报道的高能球磨法工艺简单，操作成分可连续调节，并能制备出常规方法难以获得的高熔点合金纳米材料，但也存在一些问题，例如研磨过程中对产物微结构的调控较为困难，晶粒尺寸不均匀，球磨及氧化会带来环境污染等。

② 等离子法　等离子法是以等离子态物质作为材料源而得到纳米颗粒的方法。其原理是：等离子体中存在大量的高活性物质微粒。这样的微粒与反应物微粒迅速交换能量，使反应向正方向进行。等离子体制备氮掺杂纳米 TiO_2 微粒的常用方法有三种：a. 磁控溅射法。溅射镀膜是利用直流或高频电场使惰性气体发生电离，产生辉光放电的等离子体，电离产生的正离子和电子高速轰击靶材，使靶材上的原子或分子溅射出来，然后沉积到基板上形成薄膜。2001 年 Asahi 等在 N_2(40%)/Ar 混合气氛溅射 TiO_2 靶材，再将制得的薄膜在 N_2 中 550℃退火 4h，制备出了 $TiO_{2-x}N_x$ 薄膜。该薄膜显示出明显的可见光吸收，并能在可见光照射下降解亚甲基蓝溶液。随后，Okada 等[43]采用直流磁控溅射装置，以钛片（99.9%）为靶材，在 Ar、O_2 和 N_2 的混合气氛中，略去退火工序，直接在导电玻璃基板上沉积氮掺杂 TiO_2 薄膜。采用磁控溅射法沉积的薄膜具有附着力好，且化学组成和结构可调的特点。然而，磁控溅射装置操作复杂、设备成本高。b. 脉冲激光沉积法。Takeda 等[44]采用脉冲激光沉积法制备氮掺杂 TiO_2 薄膜，考察了 Ti、TiO、TiO_2 及 TiN 等靶材以及 O_2/N_2 气氛中 N_2 含量对薄膜结构和性能的影响。Xu 等[45]以钛片为靶，采用脉冲激光沉积法，分别在 O_2/N_2 和 $NH_3/N_2/O_2$ 混合气氛中，在玻璃基板上沉积 N 掺杂 TiO_2 薄膜。c. 等离子注入法。Yang 等[46]以金红石型 TiO_2 粉末（纯度 99.9%）为靶材，采用离子辅助电子束蒸发沉积装置，在 O_2/N_2 混合气氛中沉积 $TiO_{2-x}N_x$ 薄膜。Wu 等[47]以锐钛矿型 TiO_2（纯度 99.9%）为靶材，采用离子束辅助沉积装置，制备出了一系

列氮掺杂含量不同的 $TiO_{2-x}N_x$ 薄膜。Ghicov 等[48]在 TiO_2 纳米管中植入 N 离子，制得了 N 掺杂 TiO_2 纳米管。

（2）化学法

文献报道的化学方法有很多种，凡是能够进行化学反应的方法都可以用来制备纳米材料。在化学反应过程中可以采用多种方法以得到不同形态、不同形状、不同粒度及不同粒度分布的纳米颗粒。纳米材料由于用量大，一般采用化学方法。

① 化学沉淀法　该方法是大规模工业生产中最常用的一种，由于成本低，工艺易于控制，受到广泛的欢迎。化学沉淀法包含一种或多种离子的可溶性盐溶液，加入沉淀剂后，或在一定温度下使溶液发生水解，形成不溶性的氢氧化物、水合氧化物或盐类后，从溶液中吸出，并将溶剂和溶液中原有的阴离子洗去，经热分解或脱水后即可得到所需的氧化物粉料。沉淀法又分为以下几种[49]：a. 单相共沉淀。沉淀物为单一化合物或单相固溶体时，称为单相共沉淀。b. 共沉淀法。是指在含多种阳离子的溶液中加入沉淀剂后，所有离子完全沉淀的方法。c. 混合物共沉淀法。如果沉淀产物为混合物时，称为混合物共沉淀。d. 均相沉淀法。控制沉淀剂的浓度，并缓慢加入使溶液处于平衡状态，沉淀在整个溶液中均匀出现的方法，称之为均相沉淀。在一般生产中，大多数都采用均相沉淀法。Wang 等[50]先将氨水滴加到 $Ti(SO_4)_2$ 水溶液中制得水解沉淀产物，再将洗净的沉淀干燥后，400℃煅烧 1h，制备出了具可见光活性的 TiO_2 光活性剂。此后，研究者们基于该法制备氮掺杂 TiO_2，采用不同钛源，钛无机盐（如硫酸钛）、四氯化钛、三氯化钛以及钛醇盐（如钛酸异丙酯、钛酸四丁酯）[51-53]。用作氮源的物质除了氨水之外，还可使用无机铵盐如氯化铵或碳酸铵等，也可使用含氮有机物如尿素或硫脲等[54]。

② 水热/溶剂热法　2005 年 Yin 等[55]开发了一种将均相沉淀工艺与溶剂热法相结合来制备氮掺杂 TiO_2 纳米晶的新方法：先将一定量的六亚甲基四胺与 $TiCl_3$ 溶液混合，再加入蒸馏水或各类醇（如甲醇、乙醇、正丁醇或异丙醇等）；然后将混合体系转入高压反应釜中，先在 90℃保温 1h，再升温到 190℃保温 2h；所得产物经离心、水洗及丙酮洗涤后，80℃真空干燥，即得氮掺杂 TiO_2 纳米晶光活性剂；此外，其他含氮有机物如羟基甲胺、尿素和硫脲等也可用作氮源。

③ 化学气相沉积法　化学气相沉积法是指利用气体或通过各种手段将物质变为气体，让气体通过热、光、电、磁和化学等的作用而发生热分解、还原或其他反应，从气相中析出纳米粒子，冷却后得到纳米粉体。但是此法制备的薄膜有很多缺陷，成本也较高。2001 年，Asahi 等以商品化的锐钛矿型纳米 TiO_2 粉体为原料，在 NH_3（67%）/Ar 混合气氛下于 600℃煅烧 3h，制备出 $TiO_{2-x}N_x$ 粉末，并以乙醛为污染物评价了其光催化活性。结果表明，在紫外光下，$TiO_{2-x}N_x$ 粉与未掺杂的 TiO_2 的光催化活性相似；在可见光照射下，

$TiO_{2-x}N_x$ 粉的光催化活性明显高于未掺杂的 TiO_2。Kosowska 等[56]改用工业无定形偏钛酸为原料，在氨气气氛下于 100～800℃范围内煅烧 4h，制备了具可见光活性的氮掺杂 TiO_2 光活性剂，并分别以苯酚和含氮染料为模型评价了制得产物在可见光下的光催化活性。Sakthivel 等[57]则以 P25 纳米 TiO_2 粉为原料，并改用氨水为氮源，将 P25 粉末与水混合配成悬浮液（10%TiO_2），用蠕动泵以小液滴的形式注入垂直的加热石英管中，与雾化的氨水进行接触来制备 N 掺杂 TiO_2。Suda 等[58]采用常压化学气相沉积法，以 $TiCl_4$ 和乙酸乙酯为原料、氨气为氮源，考察了氨气流量、薄膜沉积时间以及基板预热温度等工艺条件对 $TiO_{2-x}N_x$ 薄膜结构和性能的影响。

（3）综合法

① 热物理法　该法的基本原理是将大块材料加热蒸发，蒸发出粒子在低压惰性气体介质中冷却而形成纳米粉。根据加热特点，又可分为电、电子、激光和等离子加热等多类。Li 等[59]先将 $TiCl_4$ 溶液与含氮物质（如尿素、胍或氟化铵）配成混合液，再通过喷雾热分解法制备出氮掺杂或氮和氟共掺杂的 TiO_2 粉末。此类方法有着产率低、成本高和难以制出低蒸气压的化合物等缺点。

② 有机络合法　Livraghi 等[60]提出了将钛酸异丙酯分别与 3 种含氮的有机配体反应，制备出 Ti 的含氮络合物，然后经过 450℃焙烧来制得氮掺杂 TiO_2 光活性剂的新方法。

3.2.3 可见光活性机理

掺氮 TiO_2 的可见光活性机理如图 3-4 所示。关于掺氮 TiO_2 的可见光活性机理的各种实验和理论计算有很多报道[61-63]。2001 年，Asahi 等通过完全势线性缀加平面波模型分别计算非金属 C、N、F、P、S 取代锐钛矿型 TiO_2 中的晶格氧时的态密度后发现，N 由于其 2p 轨道和 O 的 2p 轨道杂化使得带隙减小，因而在这些情况中最有效的就是置换型掺 N。另外两种情况，即填隙型掺氮（N_i-doped）和填隙/置换混合型掺氮（N_{i+s}-doped），他们得到的结论是 N—O 键和 N—N 键很难和 TiO_2 的能带相互作用，也就很难产生光催化效应。因此，Asahi 等认为只有置换式掺 N 是可见光催化最有效的掺杂方式，它能引起能隙变窄，从而使可见光也能被 TiO_2 吸收，产生光生电子与空穴，进行氧化还原反应。

理论和实践结果均证明，氮掺杂是提高 TiO_2 可见光利用率的有效方法，但是，也有许多理论和实验结果并不支持 Asahi 等人的结论，他们发现掺氮以后能隙并没有很大的变化，并认为可见光照射下电子的跃迁不是带-带间的直接跃迁，而是有带隙中间的局域态参与，而后电子才能跃迁到导带。而 Diwald 等[64]则认为来自氨气中的氢的掺入会导致能隙的变窄。关于掺氮 TiO_2 的可见光活性机理的争论至今仍在继续。

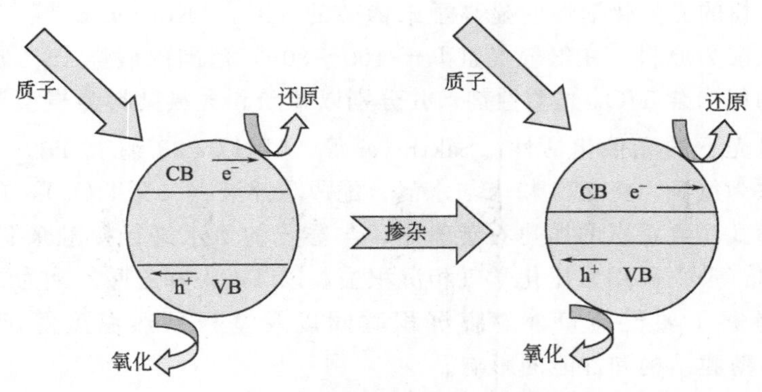

图 3-4 TiO_2 掺杂导致可见光催化的机理示意图

理论上认为[65]，相对于 O 2p 轨道，N 2p 轨道更接近 TiO_2 的导带，从而导致带隙变窄，进而对可见光的吸收能力增强。其原理可以简化为图 3-5，从图中可以看出，N 的掺杂形成了中间的杂质能级，使得带隙相对变窄，有利于光生载流子在能级之间的跃迁。

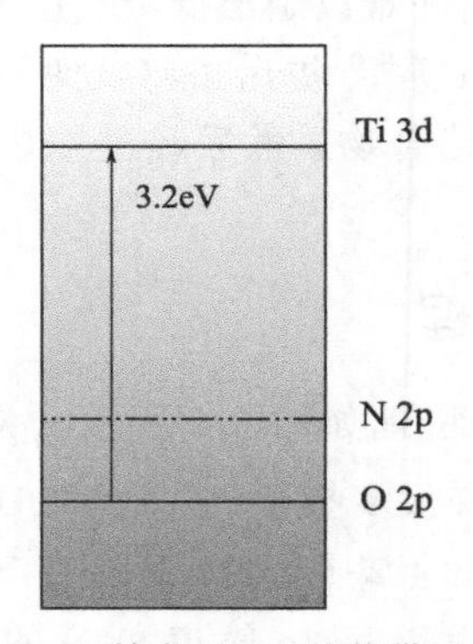

图 3-5 N 掺杂 TiO_2 的能带示意图

鉴于掺杂离子的纳米 TiO_2 光催化效果的影响因素比较多，在实际应用中这些因素可能会同时起作用，再加上不同研究者采用的制样方法及评价体系不同，即使是同一离子掺杂，所得结果也会相差很大。出现上述矛盾，说明纳米 TiO_2 离子掺杂过程的复杂性，需要人们对纳米 TiO_2 掺杂改性的机制做更进一步的研究。

3.3 敏化剂

在染料敏化纳米晶光伏电池（NPC 电池）中，纳米晶颗粒由于粒径小而具有许多特殊的异于块体材料的性质，形成的膜具有非常大的比表面积。但是由于其禁带宽度较宽，不利于直接吸收太阳光，因此可以通过在其表面上吸附大量禁带宽度较窄的染料分子，来有效地吸收太阳光。

染料性能的优劣将直接影响电池的光电转换效率，理想的染料必须对可见光具有很好的吸收特性，即能吸收大部分或者全部的入射光，其吸收光谱能与太阳能光谱很好地匹配。因此，选择合适的染料敏化剂便成了关键步骤，它起着吸收入射光并向载体（被敏化物）转移光电子的作用。敏化剂经化学键合或物理吸附在高比表面积的 TiO_2 纳米晶薄膜上使宽带隙的 TiO_2 敏化。不仅 TiO_2 薄膜表面吸附单层敏化剂分子，海绵状 TiO_2 薄膜内部也能吸收更多的敏化剂分子，因此太阳光在薄膜内部经过多次反射后，可被敏化剂分子反复吸收，提高对太阳光的利用率。另外，敏化作用能提高光激发的效率，扩展激发波长至可见光区域，进而达到提高光电能转换效率的目的。

文献中报道的染料分为以下三类：有机染料光敏化剂、天然敏化剂和无机染料光敏化剂。

3.3.1 有机染料光敏化剂

可用来敏化纳米晶电极的金属有机配合物种类繁多。目前为止，联吡啶钌系列配合物的光敏效果最好：由于联吡啶钌配合物的化学稳定性高、激发态寿命较长、光致发光性能好，所以具有较高的敏化效率。1985 年，瑞士的 Grätzel 等首次利用 $Ru(dcbpy)_3^{2+}$ 作为敏化剂制备染料敏化电池，创下了同时期研究中最高的 IPCE 的纪录（44%）[66]。1990 年，Amadelli 等合成了一种新颖的三核联吡啶钌配位化合物 $Ru(dcbpy)_2[(\mu\text{-}CN)Ru(CN)(bpy)_2]_2$[67]，但由于当时的高比表面积 TiO_2 电极制备技术他们并没有掌握，得到的 IPCE 值也仅有 3%。1991 年，Grätzel 小组利用配合物 *cis*-$Ru(dcbpy)_2(SCN^-)_2$ 作为敏化剂，在模拟 AM1.5 太阳光照射下，得到了高于 7% 的光电转化效率，这一惊人的研究结果迅速引起了科研界的关注[68]。1993 年，Grätzel 等尝试将一系列染料分子 *cis*-$Ru(dcbpy)_2X_2$（X＝Cl^-，Br^-，I^-，CN^-，SCN^-）应用到 DSSCs 中[69]，实验结果显示染料分子 *cis*-$Ru(dcbpy)_2SCN_2$（被称为明星染料“N3”）的敏化效果最好，短路光电流可高达 $17mA/cm^2$，开路光电压为 720mV，电池的光电转化效率达到了 10%，这一水平已经很接近当时已经商业化了的多晶硅太阳能电池，同时 N3 分子的稳定性非常好，在空气中 280℃条件下仍可稳定存在，它也因此得到了“明星分子”的美称。2001 年，Grätzel 小组又首次合成了黑染料 $Ru(tctpy)(SCN)_3^-$（这种染料 IPCE 曲线相比 N3 分子红移了约 100nm，在整个可见光区的 IPCE 值都接近于 100%，在 AM1.5 模拟太阳光照射下电池的总光电转化效率为 10.4%，与 N3 染料分子的效果相当[70]。利用 N3 的双四丁基胺盐在 AM1.5 模拟太阳光下也取得了 10.6% 的光电转化效率[71]。2004 年合成的染料 Z-910 的光电转化效率也达到了 10.2%[72]。除了联吡啶钌系列配合物之外，中心原子也可采用金属锇（Os）。Sauvé等[73]的实验结果显示联吡啶锇配合物也是一种高效的敏化剂。

一直以来人们都在尝试寻找联吡啶配合物以外的其他替代敏化剂，研究人员探索了多种染料在染料敏化电池中的应用前景：利用酞菁类配合物为敏化剂的染料敏化电池在AM1.5模拟太阳光下得到的短路光电流约为10mA/cm^2[74]；非咯啉具有比联吡啶更大的共轭体系，利用它作为配体与钌形成的配合物也可以有效地敏化半导体电极，得到电池的总光电转化效率超过了6%[75]；利用锌卟啉类配合物作为敏化剂，在模拟太阳光照射下，产生的短路光电流为9.7mA/cm^2，开路光电压为660mV，总的光电转化效率达到了4.8%[76]。

3.3.2 天然敏化剂

由于制备金属有机配合物所采用的原料比较贵，制备工艺也比较复杂，因此染料分子也便成为染料敏化电池成本的主要来源。为了推进敏化电池的实用化进程，研究者们除了开展廉价金属配合物的合成研究和电池优化之外，还对天然敏化剂进行了探索研究。它们主要来自于直接从自然界中提取的天然色素，包括类胡萝卜素、青色素、部花青[77]等。但它们的光电转化效率都比较低，这方面的研究曾一度处于停滞状态。20世纪90年代，黄春辉研究组尝试将半菁类染料应用到染料敏化电池中[78]，他们发现在电池中具有较好光电转化性质的有机染料大都是在共轭体系的两端分别连接给电子基团和吸电子基团，电子效应通过共轭体系可以得到有效地传递。近几年，Arakawa研究小组制备的多烯类染料、香豆素类染料[79]在相同的实验条件下取得了与N3分子相当的光电转化效率，可达到7.7%。Uchida等也尝试将二氢吲哚类染料应用到染料敏化电池中，得到了高达8%的光电转化效率[80]。2005年，Bandara等[81]尝试在TiO_2电极表面分层吸附两种联吡啶钌配合物。实验结果表明，无论吸附的先后顺序如何，共敏化的电池其光电转化效率呈现出加和性，但在染料共敏化过程中应注意避免不同染料之间的干扰作用。

3.3.3 无机染料光敏化剂

以往首选的材料是传统的半导体材料CdS、CdSe[82]（禁带宽度分别为2.42eV，1.7eV）等。但是由于此类材料有剧毒，会产生环境污染，所以并不是理想的敏化材料。

3.3.4 共敏化剂

在染料敏化太阳能电池中，敏化剂有着不可替代的作用，通常电池中使用的敏化剂，纯有机染料种类较多，它们具有吸光系数高，成本低，且电池循环易操作等特点，使用纯有机染料还能节约稀有金属。但以往使用的单一的纯有机染料敏化太阳能电池的IPCE（单色光转换效率）和η_{sum}（总光电能量转换率）较低。

合成吸光范围宽的染料是当今NPC研究的新热点，使用多种纯有机染料相互配合，同样使得不同染料之间可以在吸光带上互补，进而达到提高电池性能的目的。

用有机染料修饰宽禁带半导体，以增加对太阳光的利用率，是太阳能电池研究的一个重要领域。在染料敏化太阳能电池中，吸附在电极上的染料分子在受到光照射后产生激发态的电子，这些电子再注入到半导体电极的导带上，并通过半导体的能带输送到外电路而产生光电流。染料敏化太阳能电池的敏化剂中有机化合物结构的多样性影响了电池的性能，可以通过设计分子的方法来剪裁分子结构，以满足人们对材料特性的要求，从而最终得到高效价廉的太阳能电池。研究表明：只有紧密吸附在半导体表面的单层染料才能够产生有效的敏化效率。然而，在一个平滑的电极表面，单层染料分子仅能吸收不到1%的入射光。因此染料不能有效地利用入射光，是造成以往有机染料电池光电转换效率较低的一个重要原因。

要提高有机染料电池的光电转换效率，必须制备出有较高比表面积的并能吸附更多单层染料的电极。同时在TiO_2多孔电极上修饰两种不同光谱吸收范围的单层染料，使电极在可见光区呈现较好的光电转换特性和较宽的光电响应区域，这种方法称之为“共敏化”，它不仅可以补偿单一增感材料的自身缺陷，而且也可以进一步完善增感物质的光敏性，改进与太阳光谱的匹配，从而达到提高染料敏化太阳能电池转换效率的目的。

由于多吡啶钌（Ⅱ）配合物的激发态性质和吸收光谱具有可调性，故通过改变多吡啶钌配体的结构可以调节其吸收光谱。通过合适的桥键将不同的多吡啶配合物连接形成超分子，形成多核多吡啶配合物，它们的吸收光谱可与太阳光光谱进行匹配，因而增加光吸收效率。Almeida等[83]首先合成了一种复杂的三核配合物，由于含羧基的联吡啶中心的发射团能量最低，故羧基又能将该配合物吸附在电极表面。这样，中心单元最接近卟啉电极表面，外围较高能级单元能将吸收的光能转移到中心单元，起到能量天线作用。但制备钌系列有机配合物所采用的原料比较贵，制备工艺也比较复杂，因此染料分子也成为染料敏化电池成本的主要来源。为了推进敏化电池的实用化，研究者们一直以来都在尝试寻找联吡啶配合物以外的其他敏化剂，用以开展廉价金属配合物的合成研究和电池优化工艺。

2004年，Durrant课题组引起了染料敏化电池中共敏化的研究热潮，他们对RuPc和$RuL_2(CN)_2$两种染料共敏化TiO_2的光电性能进行了研究，结果显示$TiO_2/RuL_2(CN)_2/Al_2O_3/RuPc$复合电极较单一敏化剂的$TiO_2/RuPc$呈现优良的光电特性[84]。Croce等制备了酞菁锌（ZDSPEC）和甲基卟啉（TTP）共敏化TiO_2多孔电极，其光响应区被拓宽到两种染料的光谱吸收区内，且各自的光谱吸收峰值有红移，表现出一定的功能复合优势，分子结构式见图 3-6[85]。Kay 和 Grätzel 报道了一系列由叶绿素的衍生物和相关对电极的敏化，当用铜-内消旋卟啉敏化 12μm 厚的 TiO_2 电极，在最大吸收 400nm 时，入射光电流转换效率高达 83%[86]。Ehret 等把多种二羧酸酯酞菁敏化剂用于纳米晶 TiO_2 太阳能电池中进行研究，结果发现混合酞菁染料可以有效提高光电转化效率[87]。Zhang 课题组利用瞬态谱研究了二羟基环丁烯二酮类敏化剂和 N3 染料的共敏化机理[88]。Guo 等研究了共敏化酞菁染料，他们将两种染料按照 1∶3 比例混合，发现可以覆盖整个可见光光谱，最终得到 3.4%的光电转化效率，该研究还尝试将吸收光谱分别在黄光、红光及蓝光区域的 4-二甲基氨苯基丙烯酸菁系列的三种敏化剂共敏化用于 DSSCs 中，得到的结果比单一敏化的 TiO_2 光电极的效率要高[89]。Grätzel 课题组[90]将二噻吩（JK2）和酞菁蓝（SQ1）敏化剂共敏化于太阳能电池，并且得到 7.43%光电转化效率。

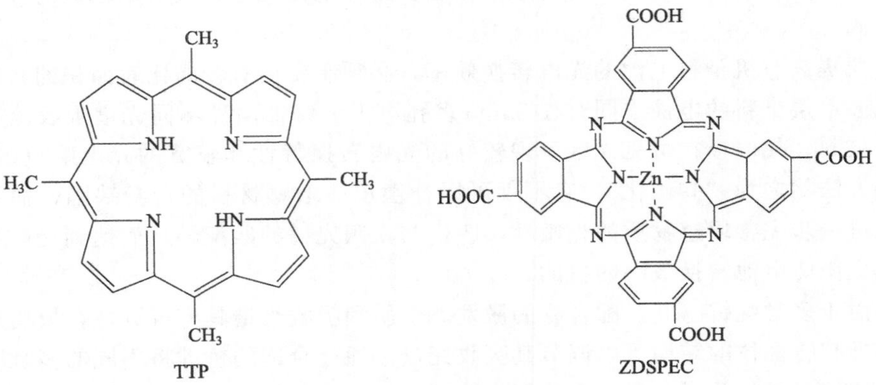

图 3-6 甲基卟啉（TTP）和酞菁锌（ZDSPEC）的结构

研究染料敏化太阳能电池的动力学敏化过程时发现，造成电池低光电流效率的主要原因是氧化态与注入电子的复合速度较快，因而使电子的注入量子产率降低。通过改变吸附功能基团可以改进联吡啶钌配合物在纳米晶 TiO_2 薄膜电极上的吸附性能。有研究表明，吸附功能基团与半导体薄膜电极表面键合成酯键比键合成酰胺键更利于光电流的产生。

无论是羧基与纳米 TiO_2 导带中的 Ti^{4+} 形成钛键，还是与纳米 TiO_2 表面的羟基作用形成氢键，其结果都是增强了染料分子中反键轨道与 TiO_2 导带中 3d 多重态轨道间的电子相互耦合作用，有利于改变 TiO_2 表面的能量，促进光激发过程中电子转移能够顺利地进行。因此选用带有多个官能团的多联吡啶化合物，其敏化效果会更好，如：羧基（—COOH），羟基（—OH），磷酸基（$—PO_3H$），磺酸基（$—SO_3H$）等，文献中对带有—COOH 的联吡啶钌络合物研究较多，用它们作敏化剂时明显观测到了由于吸附功能基团与纳米晶 TiO_2 薄膜电极的强相互作用而引起的长波区增强和光谱红移现象，并得到了较好的敏化效果。

3.4 应用实例

3.4.1 实例1——表面改性纳米光阳极在染料敏化太阳能电池中的应用

以 TiO_2 为代表的半导体是最具有开发前景的绿色环保催化剂，但锐钛矿相 TiO_2 禁带宽度较大，因此只能利用太阳光中的紫外线部分（仅占太阳光能5%）。为了进一步提高纳米 TiO_2 的光催化效率，必须对其表面进行改性。研究结果显示，通过对 TiO_2 进行氮掺杂改性是一种十分有效的方法。氮的掺入可以改变催化剂的带隙，进而提高可见光的利用率；通过在半导体中的掺杂，会使 TiO_2 的吸收波长范围扩大到可见光区域，增加对太阳能的转化和利用，还可能影响电子-空穴对的复合速度。在过去数十年的研究中，科学家们在这方面做了很多尝试。文献报道的掺氮方法多为流动体系，前期研究结果显示，N的掺杂是一个慢反应过程，流动体系往往导致反应还没来得及发生完全，反应中间产物就被反应体系中的气流带走，最终致使反应不能完成；同时，氮源气体还未来得及与原料充分接触便排出进行新一轮的循环使用。因此，本例选用自行设计的实验装置，对水热条件下制备的纳米 TiO_2 粉体进行氨气掺氮热处理，并应用于染料敏化太阳能电池中，从而得出变化规律。

3.4.1.1 氮掺杂纳米 TiO_2 粉体的物相分析

在合成的样品中选择具有代表性的样品，分别从粉体的物相和表面形貌进行表征，考察不同反应条件（温度、时间、压强）下对氮掺杂产物的影响。

对合成的粉体样品进行XRD表征，考察不同反应条件（温度、时间、压强）下氮掺杂 TiO_2 光阳极的影响。图3-7为纳米 TiO_2 在不同温度、时间、压强下制备的氮掺杂改性样品的XRD图。在 $2\theta=25.28°$ 处的衍射峰是锐钛矿的特征峰，而在 $2\theta=27.4°$ 处的衍射峰是金红石相的特征峰。从图中可以看出，改变温度、时间、压强三因素中的任意一个，不同压强（0.4MPa、0.6MPa、0.8MPa）或者不同反应时间（12h、24h）下，样品的晶型几乎没有发生变化，均为锐钛矿相（A）。只有在温度不同时（300℃、400℃、500℃、600℃），氮掺杂纳米 TiO_2 粉体的晶相才有所变化，300～500℃主要为锐钛矿相，600℃时出现金红石相特征峰；XRD分析表明，相对于时间和压强，温度在N掺杂过程中对 TiO_2 的晶型影响最大。

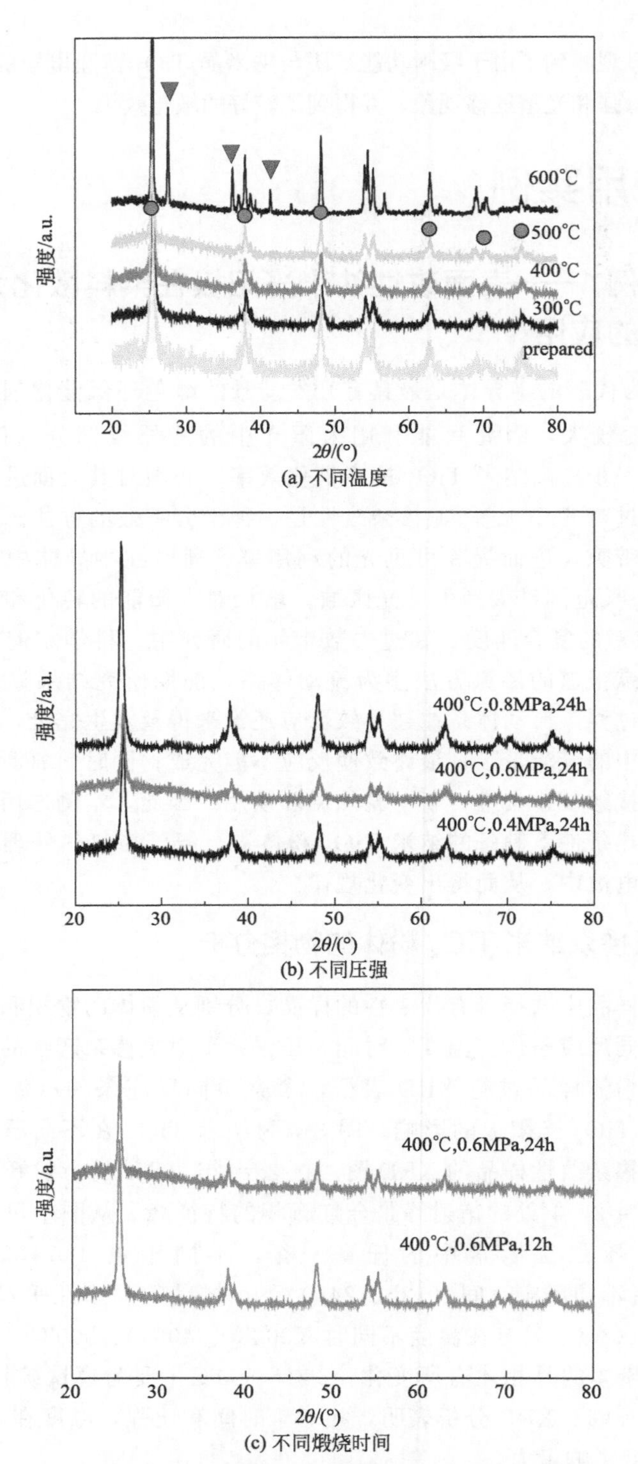

图 3-7 不同反应条件下氮掺杂纳米 TiO_2 粉体的 XRD 图

对 XRD 数据进一步分析，根据 Scherrer 公式计算氮掺杂 TiO_2 的颗粒尺寸：

$$d = 0189\lambda/\beta\cos\theta$$

式中，d 是平均晶粒尺寸；λ 是 X 射线的波长，取值 0.15406nm；β 是 XRD 谱中（101）晶面衍射峰的半峰宽。

结果表明，随着焙烧温度的升高，压强增大，样品粒径逐渐增大；反应时间增加，颗粒粒径逐渐减小。

图 3-8 为纳米 TiO_2 在不同反应条件下制备的氮掺杂改性样品的 Raman 谱图。从图中可以看出，改变时间、压强，样品的晶型没有变化，均出现锐钛矿相特征峰。如图显示，温度在 300～500℃ 范围内主要为锐钛矿相，600℃ 在 453cm^{-1} 处出现金红石相特征峰；分析结果与 XRD 的结论一致。

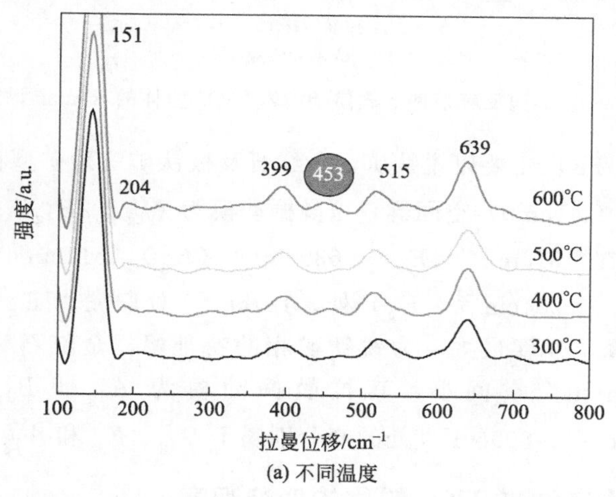

(a) 不同温度

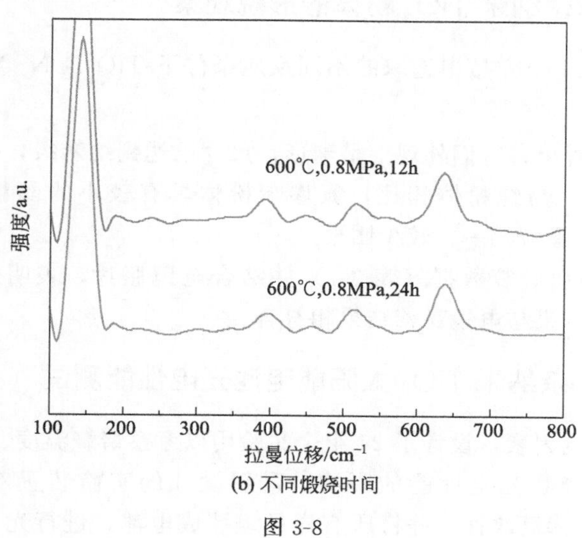

(b) 不同煅烧时间

图 3-8

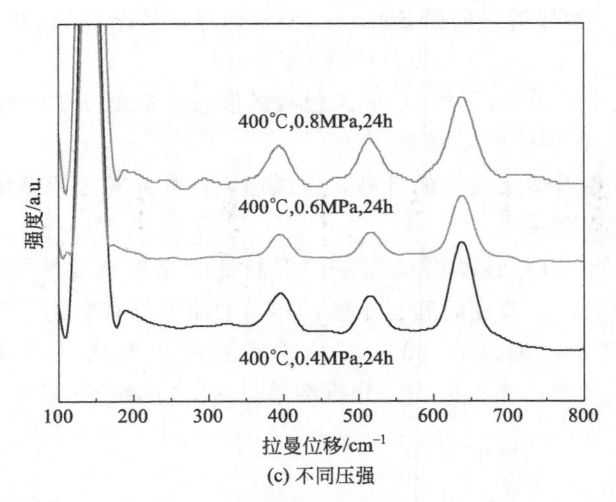

图 3-8 不同反应条件下氮掺杂纳米 TiO_2 粉体的 Raman 谱图

自然界中的 TiO_2 主要以锐钛矿，金红石及板钛矿三种矿型存在。锐钛矿相 TiO_2 属于 $^{19}D_{4h}$（I41amd）空间群，拉曼振动模为 $A_{1g}+2B_{1g}+3E_g$。锐钛矿拉曼振动模分别在 151cm^{-1}（E_g），639cm^{-1}（E_g），515cm^{-1}（A_{1g}，B_{1g}），399cm^{-1}（B_{1g}）及 204cm^{-1}（E_g）处，151cm^{-1} 处归属为 E_g 对称类型的 O-Ti-O 变角振动峰，强度最大，为锐钛矿相的特征峰。金红石为四方晶系，属于 $^{14}D_{4h}$（P42/mnm）空间群，其拉曼振动模为 $A_{1g}+B_{1g}+B_{2g}+E_g$，143cm^{-1}、445cm^{-1}、609cm^{-1} 处的峰分别属于 B_{1g}、E_g 和 A_{1g}。

3.4.1.2 氮掺杂纳米 TiO_2 粉体的形貌观察

图 3-9 是在 24 个样品中选取的不同反应条件下 $TiO_{2-x}N_x$ 粉体和纯粉体的扫描电镜图。

从图中可以看出，它们外观上呈球形，尺寸已达到纳米级，分布均匀，纯粉体出现团聚现象。与纯粉体相比，氮掺杂粉体具有较小的晶粒尺寸，范围在 10～50nm 变化，颗粒均一，较少团聚。

根据 XRD 软件计算数据（表 3-1）并结合电镜照片，表明纳米 $TiO_{2-x}N_x$ 粉体的粒径计算结果与电镜观察结果相符合。

3.4.1.3 氮掺杂纳米 TiO_2 太阳能电池光电性能测试

根据实验影响因素，设计了 24 组全实验用以考察焙烧温度、反应体系压强、反应时间对合成产物光电性能的影响。采用设计的实验装置对水热法制备的 TiO_2 粉体进行了掺氮改性，并将所有样品组装成电池，进行光电性能测试，结

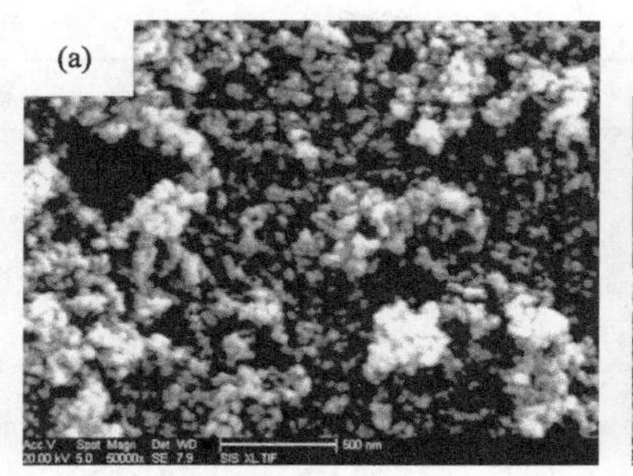

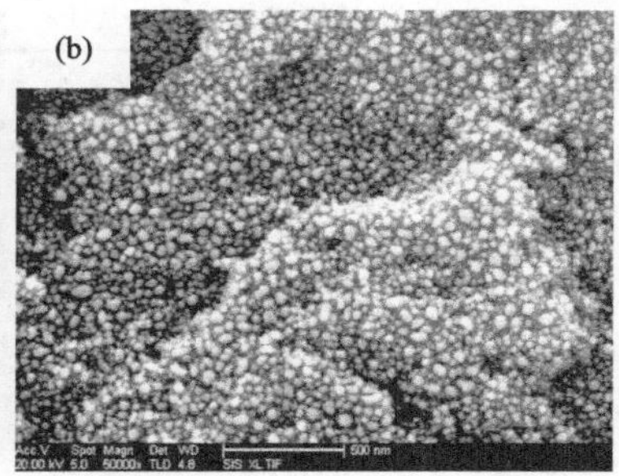

图 3-9　扫描电镜图

(a) 纯 TiO_2 粉体；(b) $TiO_{2-x}N_x$ 粉体（反应条件：400℃，0.8MPa，24h）

果列于表 3-1、表 3-2。从表 3-1 中的实验结果可以看出，光电转化效率 η 随着烧结时间的增长而增加；反应温度降低，光电转化效率反而增强。

从样品中抽取 7 组典型数据进行重复对比测试，数据列于表 3-1，探讨焙烧温度、压力、反应时间对合成产物光电性能的影响。从实验数据中可以看出，固定其中任意两个影响因素，只改变一个条件，掺氮量呈现规律性：随着反应时间加长，掺氮量变大；而反应温度降低及压强减小，掺氮量反而变大。

表 3-1　氮掺杂粉体光电性能和掺氮量

实验条件	开路光电压 V_{oc}/mV	短路光电流 I_{sc}/mA	FF（填充因子）	光电转换效率 η/%	掺氮量/%	带隙/eV	晶体尺寸/nm
TiO_2	535	1.32	0.58	2.12	—	3.20	25～50
400℃，0.8MPa，24h	574	6.88	0.63	6.20	1.22	2.62	18
500℃，0.4MPa，12h	527	5.63	0.51	3.76	0.60	2.88	29
500℃，0.4MPa，24h	540	5.34	0.56	4.05	0.70	2.80	24
500℃，0.8MPa，24h	597	5.49	0.58	4.75	0.87	2.63	20
600℃，0.4MPa，12h	582	2.86	0.58	2.41	0.52	2.91	32
600℃，0.6MPa，12h	510	1.44	0.41	0.76	0.46	3.08	36
600℃，0.8MPa，24h	568	4.72	0.62	4.18	0.66	2.86	25

表 3-2　氮掺杂样品的光电性能和掺氮量

实验条件	V_{oc}/mV	I_{sc}/mA	FF	η/%	掺氮量/%
TiO_2	445	1.26	0.417	0.666	—
300℃，0.4MPa，12h	437	2.14	0.413	1.104	0.32
300℃，0.4MPa，24h	587	1.52	0.542	1.375	0.34
300℃，0.6MPa，12h	411	2.20	0.453	1.172	0.33

续表

实验条件	V_{oc}/mV	I_{sc}/mA	FF	η/%	掺氮量/%
300℃，0.6MPa，24h	449	3.11	0.414	1.649	0.37
300℃，0.8MPa，12h	406	2.02	0.442	1.037	0.35
300℃，0.8MPa，24h	455	3.12	0.455	1.844	0.41
400℃，0.4MPa，12h	439	2.92	0.428	1.568	0.31
400℃，0.4MPa，24h	476	3.39	0.500	2.308	0.5
400℃，0.6MPa，12h	443	2.83	0.439	1.572	0.43
400℃，0.6MPa，24h	508	2.23	0.523	1.694	0.71
400℃，0.8MPa，12h	442	2.39	0.436	1.317	0.37
500℃，0.6MPa，12h	399	2.63	0.440	1.318	0.33
500℃，0.6MPa，24h	426	2.61	0.434	1.379	0.42
500℃，0.8MPa，12h	415	1.89	0.450	1.007	0.27
600℃，0.4MPa，24h	441	2.56	0.431	1.387	0.29
600℃，0.6MPa，24h	479	1.60	0.457	1.001	0.32
600℃，0.8MPa，12h	399	0.914	0.416	0.433	0.31

图 3-10 反映了不同因素影响的氮掺杂 TiO_2 膜电极的光电性能，光电流、光电压随着温度降低、压力减小而变大；随着反应时间增长，光电流减小、光电压增大，光电转化效率增加。

对纳米多孔薄膜的 TiO_2 粉体进行表面改性，自行设计制造密闭的反应装置，并以氨气作为氮源，通过调节反应时间、煅烧温度、压力、配比等实验条件对带隙进行调控，进而获得带隙适宜的具有良好光电性能的最优化薄膜。

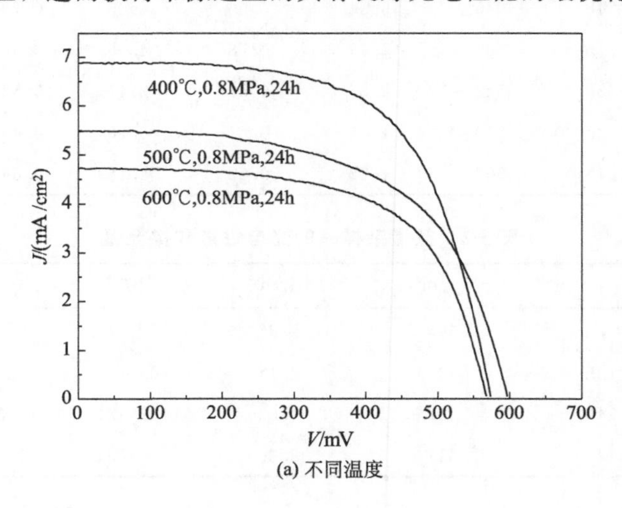

(a) 不同温度

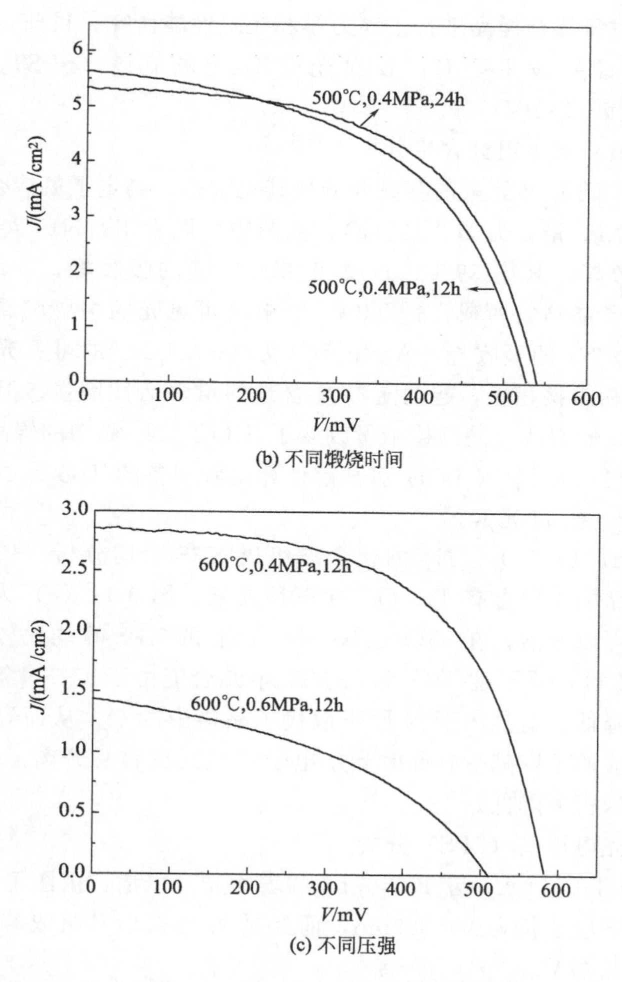

图 3-10 不同反应条件下氮掺杂 TiO_2 膜电极的光电性能

3.4.2 实验 2——染料敏化太阳能电池中光活性机理的研究

掺杂改性以降低光阳极半导体带宽及染料的共敏化均可以提高 DSSC 光电效率，因此，在此实例专题下结合实验结果与理论计算，分别从光阳极掺杂改性和表面修饰共敏化剂两个方面阐释如何提高太阳能电池光电效率的光活性机理模型。

3.4.2.1 掺氮 TiO_2 的可见光活性机理研究

针对掺氮 TiO_2 的可见光活性机理的争论，我们课题组对掺氮 TiO_2 进行了光电性能研究的同时，对机理也进行了初步分析。本例将从实验结果出发，证实氮掺杂产生杂质能级，使得半导体带隙减小，从而增强光活性；并用表面光电压谱和瞬态光谱对氮掺杂样品进行了动力学和光电性能研究。目前，对可见光活性机理的实验验证手段主要有：表面光电压/光电流谱（SPS），交流阻抗谱（EIS），瞬态光谱（TPV）等。

（1）氮掺杂光阳极组分含量分析（XPS）

为了进一步证实 N 元素的存在并分析其化学态，测定了氮掺杂 TiO_2 纳米粒子焙烧样品的 XPS 谱，见图 3-11（a）。从图中可以看出，N1s 共存在 400eV 和 396eV 两类吸收峰。其中 396eV 归属为 Ti—N 键的吸收峰，一般称之为 β-N，是 N 元素取代了晶格氧所成，是 TiO_xN_y 响应可见光的主要归属；400eV 的宽峰为化学吸附 γ-N_2 的吸收峰。Asahi 等认为 $TiO_{2-x}N_x$ 的可见光活性与 396eV 处的 N 的峰面积直接相关，起初随着 N 含量的增多活性增强，但是含量过高时活性反而下降，他们认为是高掺杂量改变了 $TiO_{2-x}N_x$ 晶型的缘故。

根据图 3-11（a）中 N 1s 的 XPS 谱计算得所制备的 $TiO_{2-x}N_x$ 含有 0.94%（原子百分含量）的 N 元素。

图 3-11（b）是 $TiO_{2-x}N_x$ 的化学态组成 XPS 全谱分析。从图中对比标准数据可知，样品中主要含有 Ti、O、N 三种元素。图 3-11（c）为 Ti 2p 的 XPS 谱图。从图中可以看出，在 $TiO_{2-x}N_x$ 中 Ti 2p 的 XPS 峰均比较锐，主要存在化学态仍为＋4 价，只不过 TiO_xN_y 的 Ti 2p 结合能由于 Ti—N 键的生成，导致其结合能略有降低。这是由于 N 原子取代了晶格中的 O，从而导致半导体价带电位升高，相应的带隙减少；此时光生电子和空穴更容易分离，最终导致 Ti 离子的外层电子云密度降低。

（2）表面光电压谱（SPS）分析

图 3-12 为 $TiO_{2-x}N_x$ 与 TiO_2 粉体的表面光电压谱，由图可见，对于 TiO_2 而言，其最大响应波长为 $\lambda=329$nm，而经过 N 掺杂后其吸收峰红移，对应带-带跃迁能量为 2.9eV。

图 3-13 为 N719 染料敏化后的 TiO_xN_y 与 TiO_2 膜片的表面光电压谱。由图可见，对于 TiO_2 而言，未改性的样品敏化后仅在敏化剂的光谱内发生光电响应，而氮掺杂后的样品由于产生了 N 掺杂的杂质能级，起到了连接 TiO_2 能级与 N719 能级的桥梁作用，使光电响应谱宽化，扩展了光电响应范围。对比两样品谱图，$TiO_{2-x}N_x$ 的响应强度高于普通 TiO_2，说明通过 N 掺杂后的纳米 TiO_2 其表面性质同普通 TiO_2 明显不同，N 掺杂 TiO_2 颗粒间电荷输运势垒更小，光生电荷分离效率更高，光催化能力更强。

（3）能带分析

如图 3-14 所示，掺杂 N 的 TiO_2 粉末的吸收带边向长波方向移动，这意味着其带隙能降低。带隙能可以从公式 $\lambda_g=1240/E_g$ 中估算出。带隙能的降低说明了氧与氮 2p 轨道电子的能量水平不同：$E_{2p}(O)=-1418$eV，$E_{2p}(N)=-1314$eV。

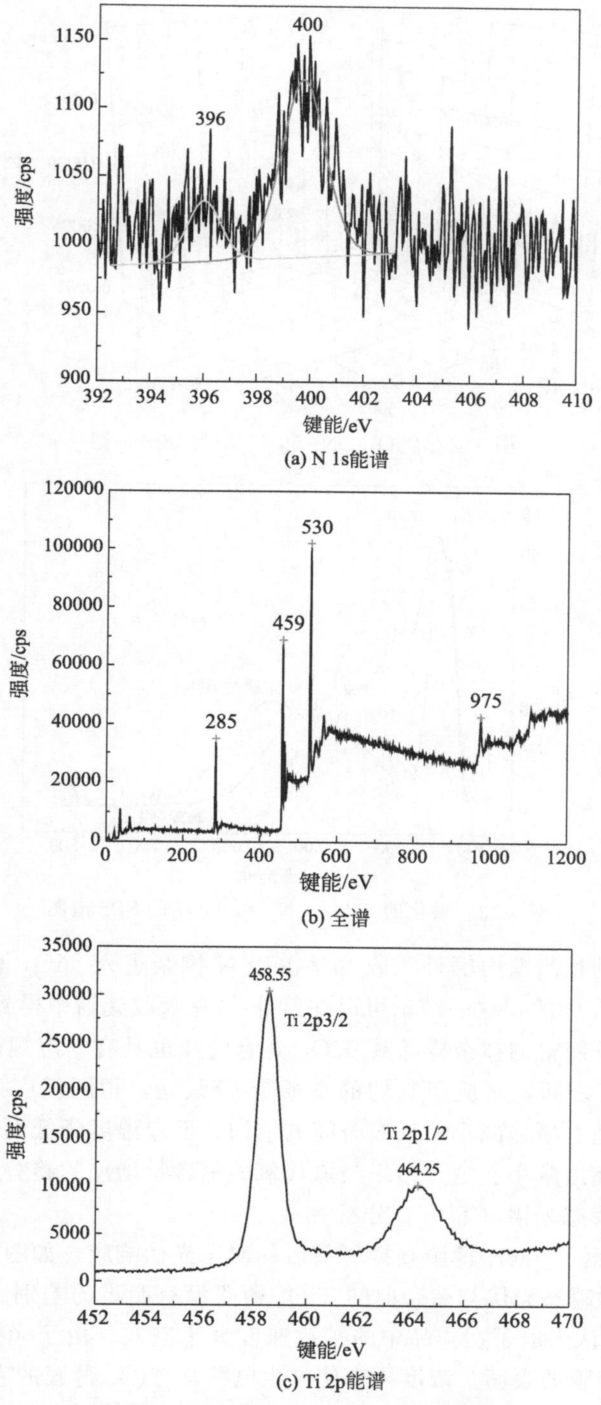

图 3-11　氮掺杂 TiO_2 粉体的 XPS 谱图

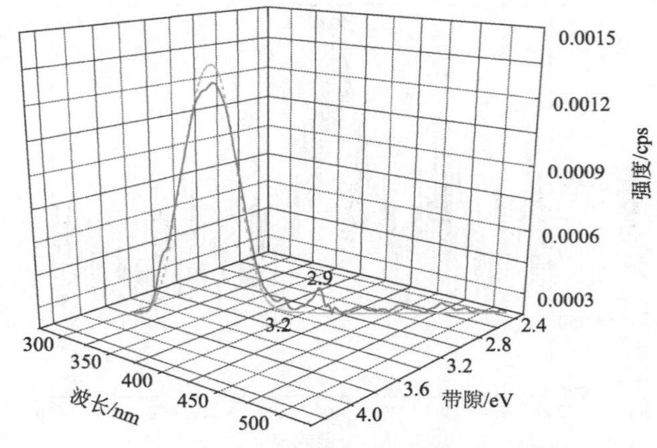

图 3-12 $TiO_{2-x}N_x$ 和 TiO_2 的 SPS 谱图

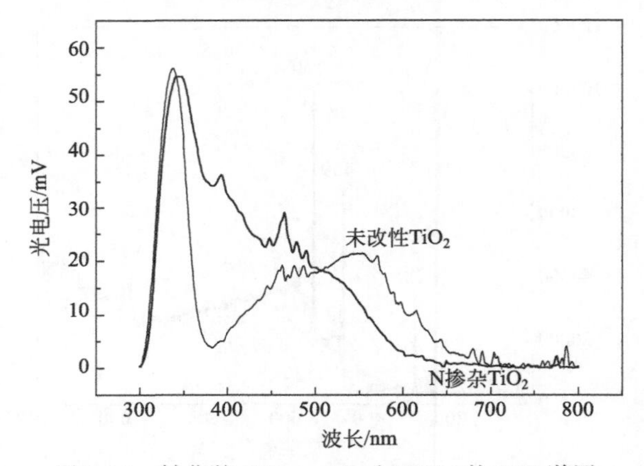

图 3-13 敏化的 $TiO_{2-x}N_x$ 和 TiO_2 的 SPS 谱图

据此可认为可见光范围内额外吸收峰是由于 N 掺杂进入 TiO_2 晶格中的氧空位（$TiO_{2-x}N_x$）产生的，这一结论可以在紫外-可见吸收光谱中得到佐证。

不同条件下制得的掺杂样品其 TiO_2 光响应峰也具有一定规律：光伏响应带在 300～400nm 之间，对应于它们的本征带-带跃迁，相同反应条件下，它们的光伏响应带边随着压强减小，反应时间的增加，反应温度降低而逐渐红移，粉体的光学带隙也随之减小。这一结果与取代氧的氮含量增加的趋势一致。

（4）表面瞬态光谱（TPV）分析

图 3-15 表示了 TiO_2 薄膜在掺氮前后的瞬态光伏响应，如图所示，N 掺杂后的 TiO_2 薄膜的瞬态光伏与掺杂前的 TiO_2 薄膜没有明显的差别。对于 N 型特性的 TiO_2，一般认为电子在样品中的扩散速度大于空穴。由于光生电荷的浓度最大值在 TiO_2 薄膜的表面，浓度梯度使光生电荷从 TiO_2 薄膜的表面向体相扩散，因为电子的扩散速度大于空穴，空穴富集在正电极附近，因此得到正的光电压响应。

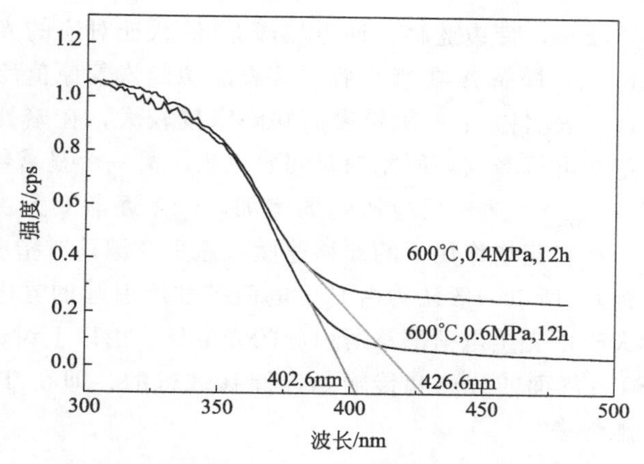

图 3-14 不同压强制备 $TiO_{2-x}N_x$ 样品的光谱

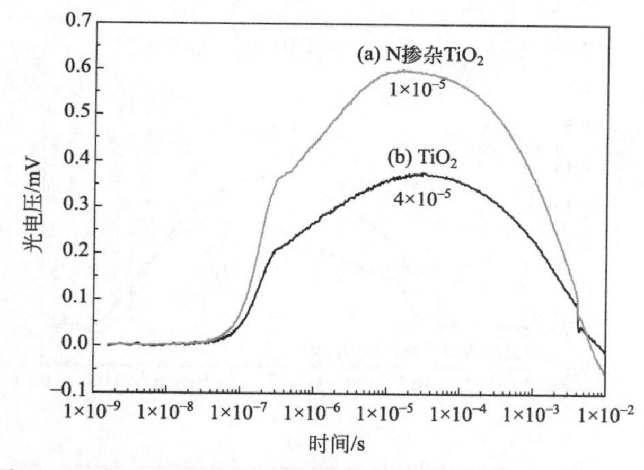

图 3-15 光电极的表面瞬态光谱（测试波长：355nm，50μJ）

正的光电压响应表明光生电子向体相迁移，而光生空穴接近表面。掺杂后的 TiO_2 薄膜与掺氮前的光生电荷过程的主要区别在于 $TiO_{2-x}N_x$ 的光电压响应达到最大值的时间比 TiO_2 要快两个数量级。由于 FTO 导电性很好，所以可以认为对于 $TiO_{2-x}N_x$，光生电荷的分离仅有光生电子向 FTO 注入过程；而对于 TiO_2，由以上讨论可知主要由光生电子在 TiO_2 薄膜中的扩散过程。另外，TiO_2 薄膜光电压响应达到最大值后快速衰减至零，而 N 掺杂的 TiO_2 薄膜达到最大值后缓慢衰减至零，并且 TiO_2 电压至零的时间比 $TiO_{2-x}N_x$ 长一个数量级。这表明 $TiO_{2-x}N_x$ 中的光生电荷寿命比 TiO_2 中的长，因此其复合速率很慢，长的光生电荷寿命是高性能染料敏化太阳能电池所必需的。

图 3-16 对比了不同压强下制备的氮掺杂 $TiO_{2-x}N_x$ 纳米薄膜的表面光伏行为。如图 3-16（a）曲线所示，与样品 B、C 相比，样品 A 的光伏响应强度略有增加；随着压强的增加，样品的晶粒粒径减小，在图中亦体现了纳米材料的小尺

寸效应，即随尺寸减小，带边蓝移。通过比较带-带跃迁对应的光伏瞬态响应特性［如图 3-16（b）］，样品 A 在遮光后，其表面功函恢复原值所需时间比其他样品的时间要长，这表明样品 A 薄膜表面缺陷密度较大，在暗处表面缺陷对光照时捕获的光生空穴进行释放，所需的时间要更长。另一个显著特点是光电压达到最大值的时间（t_{max}），随着反应压强的增加，t_{max} 逐渐变大。由于电荷扩散的速度远小于电荷在自建场作用下的漂移速度（这里“漂移”指电荷在自建场作用下的分离和传输），所以一般认为由光生电荷扩散所引起的光电压达到其最大值所需时间要远大于由光生电荷漂移所引起的光电压。由以上讨论可知光生电荷在 $TiO_{2-x}N_x$/FTO 界面的分离和传输是以漂移进行的，即在 $TiO_{2-x}N_x$/FTO 界面存在一个接触势垒。

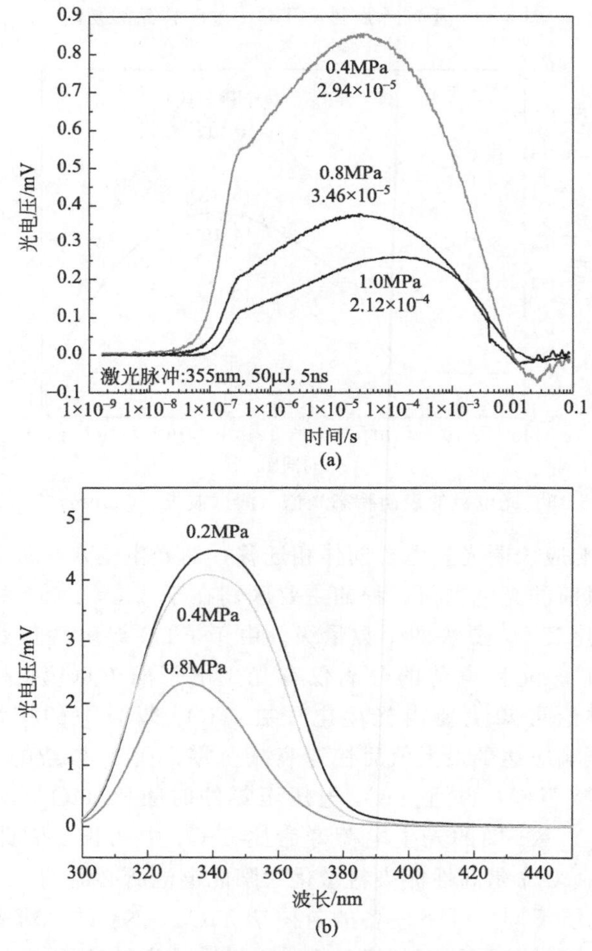

图 3-16　（a）表面光电压谱：不同压强制备样品的表面光伏特性及带-带跃迁；（b）表面瞬态谱：不同压强下样品的 TPV 测试

因此对于样品 A，从界面激发时也能观测到全部电子跃迁对应的光伏响应，表面空间电荷区内存在的自建电场对于结晶度较好的纳米晶来说是带-带跃迁产生的电子-空穴对分离的主要机制，对于样品 A，根据表面光伏测量结果，其自建场方向仍然是由 $TiO_{2-x}N_x$ 纳米晶薄膜内指向自由外表面，外电场方向与 $TiO_{2-x}N_x$ 内建电场方向相同，因此利于光生电子-空穴对的分离。

（5）机理模型

对掺氮 TiO_2 进行了光电性能研究的同时，对机理也进行了初步分析。图 3-17 中的模型是根据已有掺氮机理构建的。掺氮引发可见光活性的杂质能级机理：①掺杂离子能级位置的影响。N 的掺杂在 TiO_2 的 VB 带上形成了独立的 IES（identified energy state）能带。IES 能带的出现既可以成为电子的浅势捕获阱，也可能成为空穴的浅势捕获阱；捕获的光电载流子容易释放出来，因而减少了电子与空穴的复合概率，从而延长了光生电子-空穴对的寿命，增加了光子的数量，提高了 TiO_2 的可见光活性。同时 IES 具有两面效应。除去积极的作用的影响外，IES 同样也可作为光生电子载体的复合中心，而这正是降低光活性的主要因素，因为受这个负面作用的影响，因此，对更高的光活性存在一个合适的位点——N 浓度。同时，N 掺杂导致了氧空穴（O_{Vs}）的产生，O_{Vs} 在此起到活化点的作用：在位点上形成了 $O^{2-}_{\bullet}$ 基团。而固体表面/内部的 O_{Vs} 会使表面光化学过程的光谱范围红移至可见光范围。②掺杂离子半径的影响。与 O 离子半径相近的 N 离子较易取代晶格位置上的 O 离子或进入晶格间隙，因而掺杂离子在 TiO_2 中分布更均匀，而半径较大的 NO，N_2 分子，则难以进入 TiO_2 内部，故在低于 2%的掺杂浓度下，TiO_2 表面可能会析出氧化物的团簇。

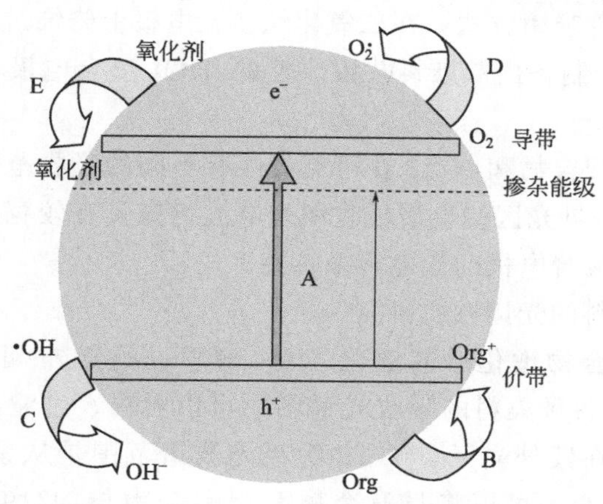

图 3-17　$TiO_{2-x}N_x$ 的内部结构能带图

掺杂的浓度一般存在一个最佳值，掺杂浓度过低时，捕获电子或空穴的浅势阱数量不够，光生电子-空穴不能有效分离；掺杂浓度过高时，离子可能成为电子-空穴的复合中心，增大电子与空穴复合的概率。而且，过高的掺杂浓度有可能使掺杂离子在 TiO_2 中达到饱和而产生新相，减小 TiO_2 的有效表面积，并有可能减少 TiO_2 对光的吸收，从而降低光活性。实验中通过对样品的元素分析证明了 TiO_2 内部 N 的掺入，光学带隙的计算及光电子的动力学研究，进一步印证了氮掺杂形成杂质能级的机理，并得到了能够使光活性增强的 N 掺杂浓度范围。

3.4.2.2 双染料共敏改性的 TiO_2 复合电极的可见光活性机理研究

染料敏化剂的选择是太阳能电池光电转化效率高低的关键，它起着吸收入射光并向载体（被敏化物）转移光电子的作用。敏化剂经化学键合或物理吸附在高比表面积的 TiO_2 纳米晶薄膜上，把宽带隙的 TiO_2 敏化。一方面不仅 TiO_2 薄膜表面吸附单层敏化剂分子，多孔状 TiO_2 薄膜内部也能吸收更多的敏化剂分子，因此太阳光在薄膜内部多次反射时，可被敏化剂分子反复吸收，提高对太阳光的利用率。另一方面敏化作用也提高了光激发的效率，扩展激发波长至可见光区域，达到提高光电能转换效率的目的。

可用来敏化纳米晶电极的金属有机化合物种类很多。目前为止，联吡啶钌系列配合物的光敏效果较好：由于联吡啶钌配合物的激发态寿命较长、光致发光性能好、化学稳定性高，因此具有较高的敏化效率。但是制备钌系列有机配合物所采用的原料比较昂贵，制备工艺也比较复杂，因此染料分子也成为染料敏化电池成本的主要来源。为了推进敏化太阳能电池的实用化进程，研究者们一直以来都在尝试寻找联吡啶配合物以外的其他敏化剂，用以开展廉价金属配合物的合成研究和电池优化工艺。

本实例通过物理吸附方法，在二氧化钛多孔电极上修饰过渡金属系列配合物和 N719 两种染料，制备出双染料共敏改性的 TiO_2 复合电极，并提出了相应的机理解释。

过渡金属系列配合物和 N719 在可见光区有不同的吸收范围，它们共同修饰可使 TiO_2 电极在可见光区的光谱吸收和光电流响应具有较宽的范围，可提高对太阳光的利用率，改善电极的光电转换特性。

（1）共敏化染料的光谱性质研究

对过渡金属配合物敏化后的敏化 TiO_2 薄膜进行紫外-可见吸收光谱分析，如图 3-18 所示。从各种染料的吸收光谱图中可以看出，过渡金属系列配合物的吸光波谱范围主要在紫外光区，N719 的吸光波谱范围是从紫外区到 520nm 的可见光区，所以理论上可以将过渡金属系列配合物与 N719 组合共敏化 TiO_2 薄膜。

图 3-19 是组合共敏化染料吸光度波谱范围图。从图中可以看出，过渡金属 Cd 的配合物与 N719 混合染料的吸光度是在紫外区到 560nm 的可见光区，其吸

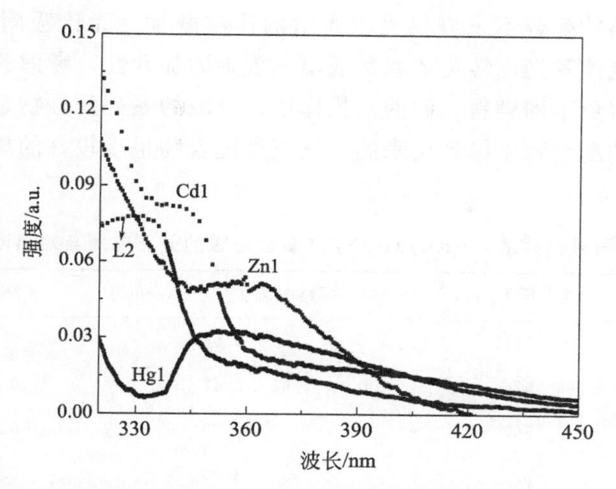

图 3-18　过渡金属配合物敏化后的 TiO_2 薄膜电极的紫外-可见吸收光谱

光度比单独 N719 的吸光度（最大吸收波长 522nm 处）有了一定改善。这是因为过渡金属配合物染料吸附在 TiO_2 薄膜表面上，染料的羧基与 TiO_2 表面的羟基以类酯键形式发生键合，从而使配体的 π 键的离域范围变小，π 键能量升高，发生金属到配体电子越迁需要吸收更大能量波长的光，所以使金属到配体电荷越迁的吸收蓝移。

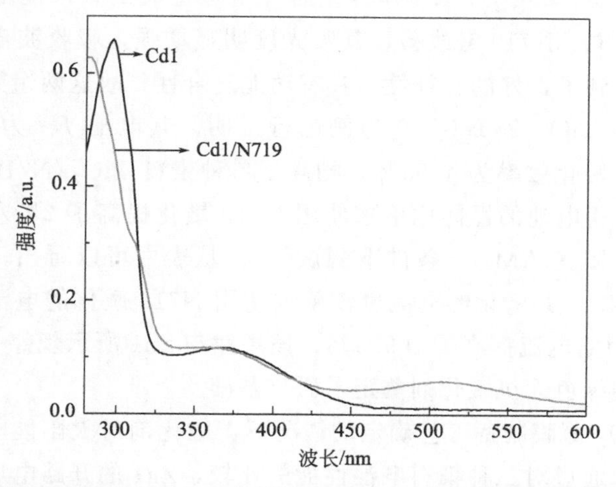

图 3-19　过渡金属配合物与 N719 共敏化后的 TiO_2 薄膜电极的紫外-可见吸收光谱

（2）共敏化染料的电池性能研究

分别用过渡金属配合物和 N719 的溶液敏化 TiO_2 薄膜电极，三种染料共敏化的太阳能电池的开路电压和短路电流数值列于表 3-3。两种染料配合可以改善单种染料在吸光度和吸光波谱范围上的不足，但并不是所有的染料配合都能达到这种效果，染料的配合不是染料吸收光谱的简单叠加。无论吸附的先后顺序如何，共敏化的电池其光电转化效率呈现出不规则的加和性，考虑到在染料共敏化过程中应注意避免不同染料之间的干扰作用，选取的系列配合物是从 7 种不同苯环类配体合成的配合物中筛选出来的，这三种配合物呈现较好的规律性，便于作基础研究。

表 3-3 不同染料共敏化 TiO_2/M1/N719 复合电极的开路电压与短路电流的对比

	开路电压 V_{oc}/mV	短路电流 J_{sc}/(mA/cm^2)	FF	η/%
RawTiO_2	544	2.66	0.76	2.21
Zn1/TiO_2	576	5.47	0.72	4.55
Cd1/TiO_2	567	3.69	0.75	3.14
Hg1/TiO_2	531	3.26	0.72	2.51

实验还研究了不同过渡金属配合物与 N719 共敏化的电池的开路电压与短路电流。由电池效率数据显示，这种共敏化的方法可以在可见光范围内有效提高电池的吸光率，使得电池的性能比单独使用 N719 敏化有了一定幅度的提高。并且实验结果呈现一定的规律性，随着质子数的减小，电池的开路电压、短路电流及光电转化效率均有一定程度的增加，而填充因子变化不大。

实验结果表明，TiO_2/Zn1/N719 复合光电极组装的太阳能电池的各个参数均较单种染料 TiO_2/N719 有改善，其吸光度明显增强，吸收波谱范围亦明显变宽，吸收光谱达到了良好的互补性，具有功能复合性，故这两组染料可以作为共敏化染料。现以 TiO_2/Zn1/N719 为例进行说明，其电池 J_{sc} 为 5.47mA/cm^2，V_{oc} 为 576mV，转化效率为 4.55%，均高于单种染料 TiO_2/N719 的数据。这种共敏化的方法使得电池的性能比单独使用 N719 敏化提高了 2%左右（测试条件均在标准模拟太阳光 AM1.5 条件下测试的）。从表中可以看出，使用其他过渡金属配合物和 N719 共敏化的电池也较单独使用 N719 敏化的电池的开路电压提高了 22.3%及短路电流提高了 109.3%，该规律与 Zn1 所示规律一致。这为后续开发新型替代型绿色无机敏化剂奠定了研究基础。

在纳米 TiO_2 薄膜制备工艺确定的情况下，敏化剂对太阳能电池的电池性能影响最为显著。通过对三种染料电池性能的比较，Zn1 的开路电压和短路电流和其他两种染料相比较优秀。共敏化电池和单一染料 $Ru(dcbpy)_2(NCS)_2$ 敏化太阳能电池相比，开路电压和短路电流均有提高。

使用染料共敏化纳米晶太阳能电池，使得染料敏化剂能够有较宽的吸光范围，从而能够有效地提高电池的吸光度，将过渡金属配合物与 N719 混合敏化纳米晶太阳能电池，与单独 N719 敏化相比能够提高电池的各项指标。

（3）共敏化剂能带理论计算

1）循环伏安法

图 3-20 中曲线（d）为支持电解质 $TBAPF_6$ 在扫描电位范围内的空白循环伏安曲线；从图中可以看出，在有机溶剂中未见任何电化学反应，支持电解质扫描无氧化还原响应，说明在此电位范围内，支持电解质为非电化学活性物质，曲线（a）～(c)为过渡金属配合物的循环伏安曲线，出现了明显的氧化还原峰，说明若于溶液中加入一定配比的不同配合物后能观察到电极反应，进一步证明在此电位范围内，上述配合物系列均为电化学活性物质。

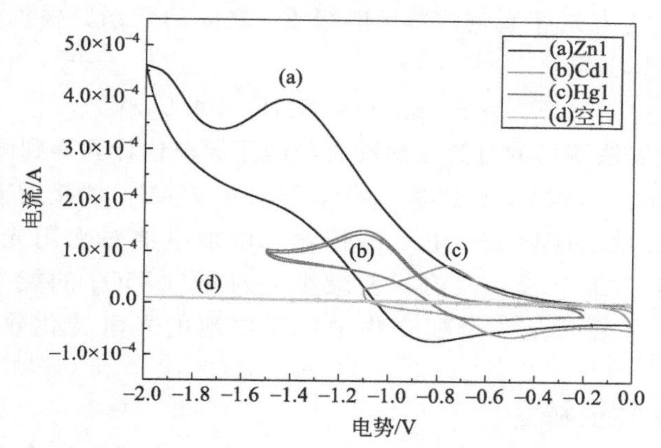

图 3-20　过渡金属配合物的循环伏安曲线

（测试条件：CH_2Cl_2 +0.1mol/L $TBAPF_6$，扫速为 100mV/s；vs. SCE Ag/AgCl）

如表 3-4 所示，为过渡金属配合物在（CH_2Cl_2 +0.1mol/L $TBAPF_6$）溶液中的循环伏安测试数据。

表 3-4　过渡金属配合物 Zn1、Cd1、Hg1 的氧化还原电位

配合物	E_{pc}/V	E_{pa}/V	ΔE_p/V
Zn1	−1.41	−0.85	0.56
Cd1	−1.09	−0.70	0.39
Hg1	−0.75	−0.50	0.25

注：测试条件：CH_2Cl_2 +0.1mol/L $TBAPF_6$；vs. SCE Ag/AgCl。

以图 3-20（a）Zn 化合物的循环伏安曲线为例，图中显示出一对氧化还原峰，由于在所示电位范围内，金属离子是唯一的电化学活性物质，因此，将该峰指属于 Zn(Ⅱ) 配合物的两电子还原过程，与文献报道的 Zn(Ⅱ) 的电化学测试结果吻合，阳极峰应为 Zn（0）被氧化为 Zn(Ⅱ) 的过程，阴极峰应为 Zn(Ⅱ) 被还原为 Zn(0) 的过程，氧化还原半波电位计算式为：$E_{1/2}=(E_{pa}+E_{pc})/2$ 分别为−0.85、−1.41(Ⅱ)V，相应的阳极-阴极峰位差 ΔE_p 为 0.56V，从两个电位的分离值看，Zn(Ⅱ) 产物应具有一定的稳定性，氧化还原过程见式（3-5）；并且从图中可以看出很明显的规律，即随着质子数增加阳极峰电流逐渐减小，阴极峰电流逐渐增大，峰电位均发生正移，这与光电池性能规律一致。

$$C_{33}H_{43}N_3Zn(\text{Ⅱ})Cl_2 + 2e^- \rightleftharpoons C_{33}H_{43}N_3Zn(0)Cl_2 \tag{3-5}$$

一般来说，影响配合物还原电位有三种因素：①配位效应，它来自金属和配体间的相互作用；②电荷效应，即中心离子高价稳定还是低价稳定的问题；③电子效应，取决于 f、d 电子的排布，与自旋态有关。

在半导体电化学研究中值得注意的问题是相对于参比电极的氧化还原电位 φ_{red}（vs. NHE）与相对于真空的费米能级 E_F 之间的联系，根据公式（3-6）可以得到两者的换算关系：

$$E_F^{Vac} = -[\varphi_{red}(\text{vs. NHE}) + 4.5]\text{eV} \tag{3-6}$$

根据循环伏安法测得的过渡金属配合物的还原电位计算得到配合物的相对能带值，分别为 Zn1 3.09eV，Cd1 3.41eV，Hg1 3.75eV，均接近于 3.2eV，因此可以用作共敏化剂，有利于光电子的传输，增加电池对太阳光的利用率。以 Zn1 为例，它与 TiO_2 的 E_F 差值相差最小，因此与 TiO_2 的能带匹配性最好，从其电池效率上来看，是三个配合物中提高电池的光电转化效率最高的共敏化剂。

2）交流阻抗 EIS 研究

光强的不同意味着进入反应体系，照射到 TiO_2 电极上的光子数的不同，它势必影响着阻抗图的变化。通常纳米晶 TiO_2 太阳能敏化电池的交流阻抗谱中含有三个弧，说明在这个过程中含有三个界面速控步骤，分别对应于低频区的 I^-/I_3^- 氧化还原电对在电解质溶液的扩散、中间频率区的 TiO_2 薄膜/电解质溶液界面电荷转移及高频区的 Pt/电解质溶液的界面电荷转移。图 3-21 是在不同光强下 DSSC 的交流阻抗谱。从图中可以看出在测试过程中宏观上出现一个弧，反映了中频区的 TiO_2 复合薄膜/电解质溶液界面电荷转移的阻抗。

如图 3-21 所示，为不同光强下 DSSC 的交流阻抗谱图，随着光强的增大，界面阻抗变小。DSSC 是一个整体，其中一个界面的阻抗的变化都将影响到其他界面随之发生变化。当光强增加时，染料受光激发注入到 TiO_2 导带的光生电子数量随着增加，受光激发后回到基态的染料阳离子也会增多，它们会氧化与薄膜电极相接触的电解液中的 I^-，使之生成 I_3^-。因此在薄膜电极附近的 I^- 数量减小，相对应的 I_3^- 的浓度增大。其结果为 TiO_2 薄膜/电解质溶液界面的转移电荷数增多，因此降低了 TiO_2 界面的阻抗。同时由于注入 TiO_2 导带转移到外电路的电子数的增加，为 Pt/电解质溶液的界面电荷转移提供了有利条件。外电路中流入到铂电极的电子增多，则在 Pt 对电极上发生还原反应 I_3^- 分子数增加，使 Pt/电解质溶液的界面电荷转移的阻抗弧减小。

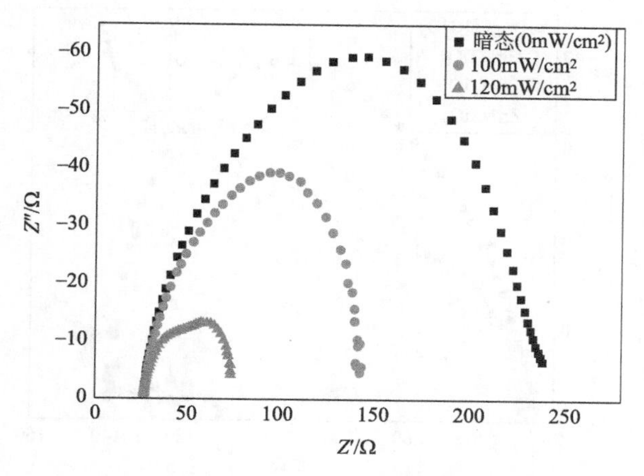

图 3-21　不同光强下 DSSC 的交流阻抗谱图

图 3-22 是不同过渡金属配合物与 TiO_2 复合电极组成的染料敏化太阳能电池的阻抗谱。以 Zn1 为例，放大图为扩散阻抗。

从实验结果可以看出，阻抗是随着质子数增加而增大，Zn1/TiO_2 复合电极阻抗弧是最小的，拥有与 N719 最佳的互补性，具有功能复合性，故这两组染料可以作为共敏化染料。从阻抗的分析结果看，由于质子数增加，光生电子的湮灭率增加，光生电子与 I_3^- 复合也增加。

3）交流阻抗谱的拟合与电荷转移机制探讨

到目前为止，电子在染料敏化二氧化钛纳米晶电极中的传输机理还不十分清楚。但是，文献相继报道了一些可能的机理。Ding 等[91]提出隧穿机理，即电子可能通过粒子之间的电势势垒隧穿而进行传输。Peter 等[92]认为电荷传输机理涉及来自导电基底的空穴注入，然而是在单分子层内进行横向跳跃，即跳跃机理。Longo 等[93]通过激光诱导光电流瞬态测定技术研究了电荷在染料敏化二氧化钛纳米晶薄膜电极中的传输性质，并建立了扩散模型。通过研究电解质的组成及浓度、膜的厚度、外加电压和光强对光电流瞬态的影响，发现这些因素对电子在膜中的传输速度均具有较大的影响，所以他们认为电子在二氧化钛纳米薄膜中的传输可以用扩散系数来描述。俘获/解俘获（trapping/detrapping）机理也有报道。Konenkamp 等[94]发现电子的传输过程是分散的。在膜中，陷阱（trapping）的寿命为微秒级，典型的漂移长度小于 100nm。通过掺杂、电荷转移或者电子注入而引发的过剩电子极易使膜中的陷阱态饱和，并因此导致陷阱态的巨大变化。陷阱的填充造成了光电响应的改善，这是纳米晶太阳能电池取得成功的原因之一。

将上述电化学过程设计成 $R_s(Q_1R_1)(Q_2(R_2Z_w))$ 这一等效电路（图 3-23），表 3-5 是根据等效电路拟合的数据。其中 R_s 为基底的电接触电阻；Q 为常相角元

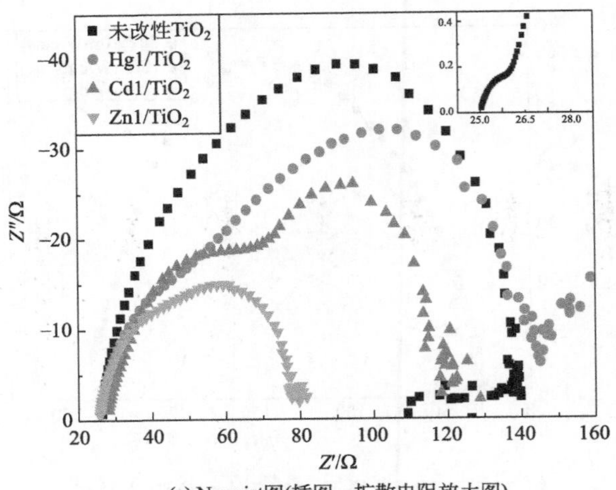

(a) Nyquist图(插图：扩散电阻放大图)

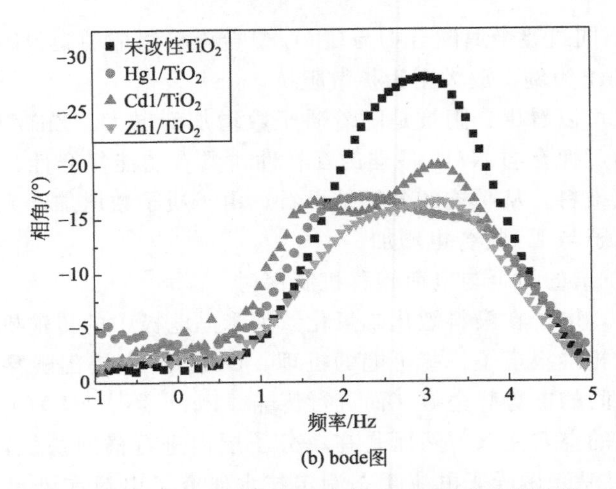

(b) bode图

图 3-22　不同过渡金属配合物 DSSC 的交流阻抗谱

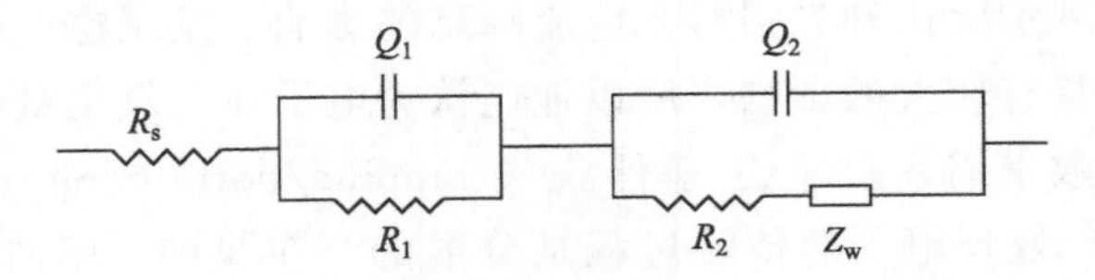

图 3-23　不同光强下交流阻抗谱的等效电路

R_s—接触电阻；R_1，R_2—电荷转移电阻；

Q_1，Q_2—双电层及空间电荷层双电层的加和电容；Z_w—扩散电阻

件，n 值的取值范围为 $0<n<1$，当 n 值更接近于 1 时表现为电容，更接近于 0 时表现为电阻，Q 在这里归属为电极/电解质溶液界面 Helmholtz 双电层及空间电荷层双电层的加和电容。R_1，R_2 分别对应于 TiO_2 薄膜/电解质溶液界面电荷

转移电阻和过渡金属配合物/电解质溶液的界面电荷转移电阻。Z_w 是电解液在复合电极中的扩散阻抗。

从表 3-5 中数据可以看出，各组拟合参数相近，说明提出的拟合等效电路是合理的，可以用于本实验研究，并且 n 的数值在 0～1 之间，符合拟合要求。

R_2 对应于过渡金属配合物/电解质溶液的界面电荷转移电阻，从 Zn1 到 Hg1，随着质子数的增加，R_2 逐渐增大，说明分子间阻力增加，不利于电子传输，这与组装为电池后的测试结果一致；R_1 表示复合电极中 TiO_2 薄膜/电解质溶液界面电荷转移电阻，也是随着质子数的增加，R_1 逐渐增大，说明过渡金属配合物分散在 TiO_2 表面的过程中，分子自身阻抗的大小直接影响 TiO_2 电极的电荷转移，最终导致复合电极的阻抗整体增加。

表 3-5　不同光强下交流阻抗拟合数据

样品	R_s/Ω	$Q_1(Y_{O1}/Fs_1^{n-1})$ (10^{-5})	n_1	R_1/Ω	$Q_2(Y_{O2}/Fs_2^{n-1})$ (10^{-6})	R_2/Ω	n_2	$Z_w(Y_{O3}/S)$ (10^{-2})
Zn1	24.14	23.46	0.578	51.16	4.81	27.36	0.554	5.035
Cd1	24.84	35.99	0.501	57.24	6.63	35.21	0.704	14.62
Hg1	36.78	11.2	0.808	76.28	4.274	41.87	0.677	0.0516

如图 3-24 所示，为实验与软件拟合的交流阻抗谱及波特图，从图中可以看出，实验测得的数据与拟合图谱相似度均较高，说明所建等效电路模型合理，为敏化电池的实际原理过程，进而可以用以说明研究中设计的合成方法制备的太阳能电池中的阻抗情况。通过对电池的阻抗分析可以得到，随频率的由高到低电池的 Nyquist 谱图分别对应着 Pt 和电解质界面的阻抗，电子在二氧化钛复合薄膜中传输和复合阻抗，电解质中的能斯特扩散阻抗。

从对电池总阻抗的影响来看，电子在二氧化钛复合薄膜中的传输和复合阻抗是影响电池总阻抗的主要因素，其次是电解质中的能斯特扩散阻抗，影响最小的是 Pt 和电解质界面的阻抗，因此如何减小电子在二氧化钛薄膜中的传输和复合阻抗是提高电池效率的关键。

电化学阻抗谱是研究电化学体系的一种常用技术。通过小振幅正弦波调制信号对研究体系进行扰动，然后测得体系的正弦电流响应（振幅和相移），得到的响应是调制频率的函数。EIS 可以表征材料的电学性能以及材料与导电电极的界面特性，能够用来研究固态或液态材料内部或界面区域的电荷载流子的动力学，包括离子、半导体、电子-离子导体甚至电介质绝缘体。电化学交流阻抗测试容易进行，利用 EIS 研究染料敏化太阳能电池可以得到以下参数：串联电阻、对电极的电荷转移电阻、电解液中扩散电阻、TiO_2 膜中电子传输电阻和复合电阻以及介孔 TiO_2 电极的化学电容。

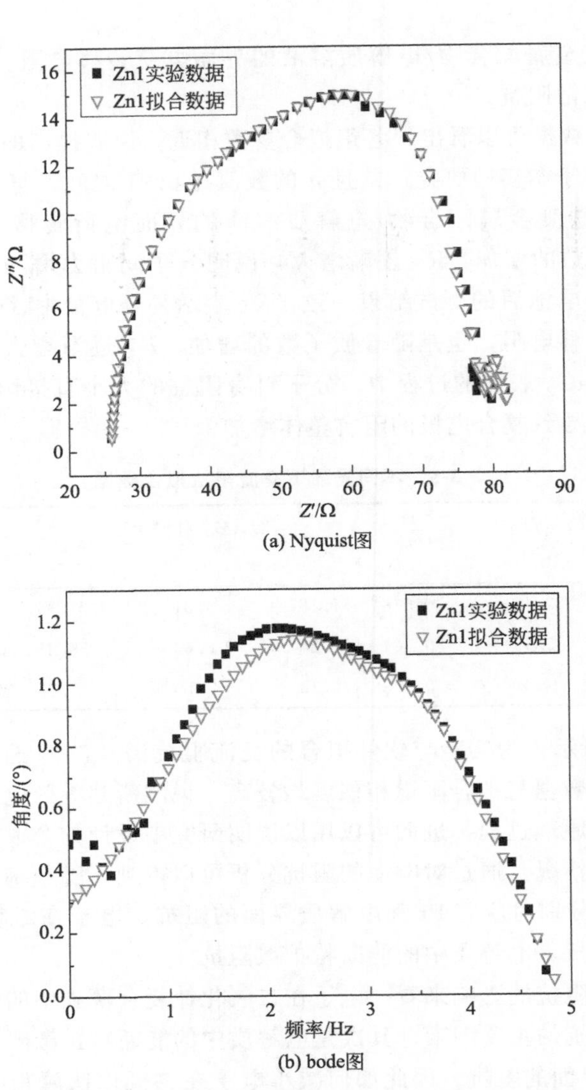

图 3-24　过渡金属配合物的实验与拟合的交流阻抗谱

4）表面光电压谱（SPS）

表面光电压谱可以测量半导体固体材料的表面物性和界面间电荷转移过程，对研究光生电荷在纳米半导体材料表界面分离等动力学行为具有重要的科学与实际意义。

图 3-25 为 Zn1/TiO_2，Cd1/TiO_2，Hg1/TiO_2 粉体的归一化表面光电压谱。由图可见，TiO_2 最大响应波长为 $\lambda=359$nm，而经过过渡金属配合物 M1 修饰后其主吸收峰基本不发生变化；在其光吸收谱的范围内对光电压有明显的贡献，修饰后的 TiO_2 电极光响应被拓展到配合物的光谱吸收区域内。

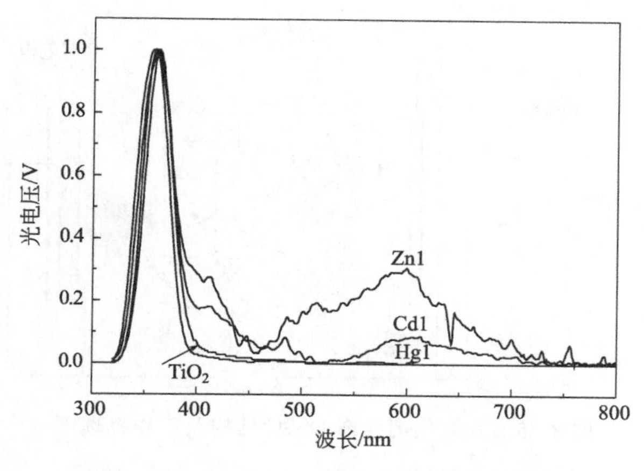

图 3-25　M1/TiO_2 和 TiO_2 的 SPS 谱图

对比各样品谱图，修饰后的 TiO_2 光阳极在可见光区出现响应峰，这主要是因为过渡金属配合物吸附进入纳米 TiO_2 孔道中，并对其表面性质加以改善，配合物分子和极性的 TiO_2 表面相互作用以及吸附在 TiO_2 表面上的配合物分子发生聚集，减少了 TiO_2 颗粒间电荷输运势垒，光生电荷分离效率更高，光电响应能力更强，即起到了连接 TiO_2 能级与 N719 能级的桥梁作用，使光电响应谱宽化，扩展了光电响应范围。

不同过渡金属配合物修饰的 TiO_2 粉末，在相同测试条件下得到的样品其响应峰也具有一定规律：光伏响应带在 300～400nm 之间，对应于它们的本征带-带跃迁，相同反应条件下，它们的光伏响应强度随着质子数的减小而增强，这一趋势与组装太阳能电池的光电转化效率的变化规律一致。

5）共敏化机理模型

图 3-26 对共敏化剂提高电池性能提出了一个异质结光电极机理的解释，对过渡金属配合物和 TiO_2 界面间光生电子传递过程进行研究。N719 分子被太阳光照射时，吸收 400～700nm 可见光并且到达激发态（Dye^*）。与此同时，M1/TiO_2 吸收可见光，并且把电子注入到 TiO_2 纳米粒子网络中，TiO_2 中的空穴由 M1 导出然后注入到电解液中。然而，一定量的激发态电子会回传到染料分子的基态，并且与电解液中的碘发生反应，尤其是界面区域，能够通过引入强有力的电子接收体来克服。考虑到 I^- 的强还原性，在光照下，大部分注入的电子能够在被释放到外电路之前被 I_3^- 重新捕获。M1 捕获回传电子来还原自身形成还原态 $M1^*$（循环伏安中氧化还原电对）。同时，氧化态染料和 M1 被 I^- 还原。因此，吸收的光子能量通过两对氧化还原循环（包括电子注入、染料再生和 I_3^- 对电子的捕获）被转换为热能。对电极保持了一个平衡，因为没有电流流入。总的来说，引入 M1 能够避免大多数的在标准 DSSC 电池中限制电池效率的副反应。

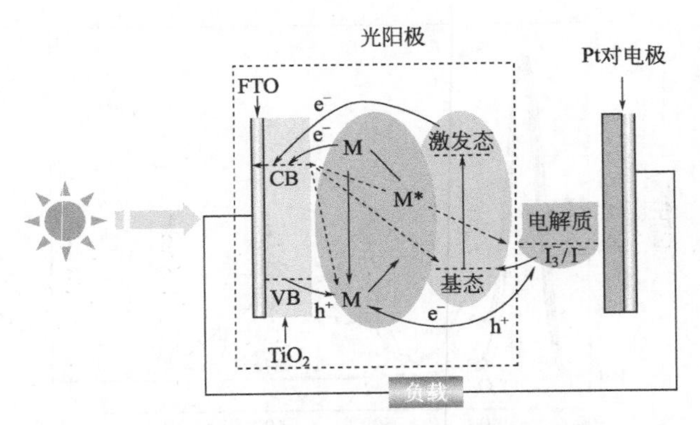

图 3-26 共敏化剂修饰 DSSC 结构及工作机理图

从另外一方面来看，在光照下 M1/TiO_2 体系可能发生另外一种过程：激发态的 M1 将电子注入到 TiO_2 的导带中并且将 TiO_2 中的价带的空穴快速地导出。中间产物 M1* 被激发然后回到激发态的 M1，因此避免了处于光阳极表面的碘的光还原。M1 中这样一个有效的电子传输可以避免 TiO_2 中的快速电子空穴复合，并且这个过程可以通过文献中报道的寿命来确认。此外，M1 产生的更高的载流子分离电势能够避免进一步的电子-空穴复合。因此，更高的表面积和良好的空穴迁移率使得吸收光谱增强，并且避免电极处的复合，从而提高光电流性能；而且 M1/TiO_2 能够增加电子的迁移率，减少电子空穴复合的机会，所有这些作用综合起来能够提高电池的性能和稳定性。

参考文献

[1] O'Regan B, Grätzel M. A low-cost, high-efficiency solar cell based on dye-sensitized colloidal TiO_2 films [J]. Nature, 1991, 353: 737-740.

[2] Cheng P, Lan T, Wang W J, et al. Improved dye-sensitized solar cells by composite ionic liquid electrolyte incorporating layered titanium phosphate[J]. Solar Energy, 2010, 84(5): 854-859.

[3] Nazeeruddin M K, Kay A, Rodicio I, et al. Conversion of light to electricity by cis-X_2bis(2,2′-Bipyridyl-4,4′-Dicarboxylate)Ruthenium(Ⅱ) charge-transfer sensitizers ($X=Cl^-$, Br^-, I^-, CN^-, and SCN^-) on nanocrystalline TiO_2 Electrodes[J]. Journal of the American Chemical Society, 1993, 115(14): 6382-6390.

[4] Wang P, Zakeeruddin S M, Moser J E, et al. A Solvent-Free, $SeCN^-/(SeCN)_3^-$ Based Ionic Liquid Electrolyte for High-Efficiency Dye-Sensitized Nanocrystalline Solar Cells[J]. J Am Chem Soc, 2004, 126: 7164-7165.

[5] Mathew S, Yella A, Gao P, et al. Dye-sensitized solar cells with 13% efficiency achieved through the molecular engineering of porphyrin sensitizers[J]. Nature Chemistry, 2014, 6(3): 242-247.

[6] Hara K, Kurashige M, Ito S, et al. Novel polyene dyes for highly efficient dye-sensitized solar cells[J]. Chem Commun, 2003, 52: 252-253.

[7] Horiuchi T, Miura H, Sumioka K, et al. High efficiency of dye-sensitized solar cells based on metal-free indoline dyes[J]. J Am Chem Soc, 2004, 126: 12218-12219.
[8] 孙家跃，杜海燕. 无机材料制造与应用[M]. 北京：化学工业出版社，2001.
[9] Nogueira A F, Depaoli M A, Montanari I, et al. Electron transfer dynamics in dye sensitized nanocrystalline solar cells using a polymer electrolyte[J]. J Phys Chem B, 2001, 105: 7517-7524.
[10] Sauvage F, Decoppet J D, Zhang M, et al. Effect of sensitizer adsorption temperature on the performance of dye-sensitized solar cells[J]. J Am Chem Soc, 2011, 133(24): 9304-9310.
[11] Yum J H, Jang S R, Walter P, et al. Nazeeruddin. Efficient co-sensitization of nanocrystalline TiO_2 films by organic sensitizers[J]. Chem Commun, 2007, (44): 4680-4682.
[12] Dong Guohua, Xia Debin, Yang Yulin, et al. Keggin-type $PMo_{11}V$ as a P-type dopant for enhancing the efficiency and reproducibility of perovskite solar cells[J]. ACS Appl Mater Interfaces, 2017, 9(3): 2378-2386.
[13] Bandara J, Weerasinghe H C. Enhancement of photovoltage of dye-sensitized solid-state solar cells by introducing high-band-gap oxide layers[J]. Solar Energy Materials and Solar Cells, 2005, 88(4): 341-350.
[14] Lewcenko N A, Byrnes M J, Daeneke T, et al. A new family of substituted triethoxysilyl iodides as organic iodide sources for dye-sensitized solar cells[J]. Journal of Materials Chemistry, 2010, 20(18): 3694-3702.
[15] Bessho T, Zakeeruddin S M, Yeh C Y, et al. Highly efficient mesoscopic dye-sensitized solar cells based on donor-acceptor-substituted porphyrins[J]. Angewandte Chemie-International Edition, 2010, 49(37): 6646-6649.
[16] Sun L D, Zhang S, Sun X W, et al. Effect of the geometry of the anodized titania nanotube array on the performance of dye-sensitized solar cells[J]. Journal of Nanoscience and Nanotechnology, 2010, 10(7): 4551-4561.
[17] Burda C, Lou Y, Chen X, et al. Enhanced nitrogen doping in TiO_2 nanoparticles[J]. Nano Letters, 2003, 3: 1049-1051.
[18] 吴凤清，阮圣平，李晓平. 纳米 TiO_2 的制备表征及光催化性能的研究[J]. 功能材料，2001, 32(1): 69-71.
[19] 张青红，高廉，郭景坤. 四氯化钛水解法制备 TiO_2 纳米晶的影响因素[J]. 无机材料学报，2000, 15(6): 992-998.
[20] 高荣杰，王之昌. TiO_2 超微粒子的制备及相转位动力学[J]. 无机材料学报，1997, 12(4): 599-603.
[21] 祝迎春，周静芳. $TiCl_4$ 水解法制备量子尺寸 TiO_2 超微粒子[J]. 河南大学学报(自然科学版)，1997, 27(3): 29-32.
[22] 李燕. 醇-水溶液加热法制备纳米级 TiO_2 超细粉[J]. 陶瓷学报，2000, 21(1): 51-53.
[23] 陈洪龄，王延儒，时钧. 单分散超细 TiO_2 颗粒的制备及粒径控制[J]. 物理化学学报，2001, 17(8): 713-717.
[24] 陈代荣. 由工业硫酸钛制备 TiO_2 纳米粉末[J]. 无机化学学报，1995, 11(3): 228-231.
[25] 顾达，何碧. 相转移法制备高纯超细 TiO_2 技术研究[J]. 压电与声光，1995, 17(5): 45-48.
[26] 张彭义，余刚，蒋展鹏. 半导体催化剂及其改性技术进展[J]. 环境科学进展，1997, 5(3): 1-10.
[27] Duonghong D, Borgarello E, Grätzel M. Dynamics of light-induced water cleavage in colloidal system [J]. J Am Chem Soc, 1991, 103(16): 4685-4690.

[28] Choi W, Termin A, Hoffmann M R. The role of metal ion dopants in quantum-sized TiO_2: correlation between photoreactivity and charge carrier recombination dynamics[J]. J Phys Chem, 1994, 98(51): 13669-13679.

[29] Su W Y, Fu X Z. Effect of sulfation on structure and photocatalytic performance of TiO_2[J]. Acta Physchim Sin, 2001, 17(1): 28-31.

[30] Vogcl K. Quantum-sized PdS, CdS, Ag_2S and Bi_2S_3 particles as sensitizers for various nanoporous wide-band gap semiconductors[J]. J Phys Chem, 1994, 98(12): 3183-3188.

[31] Kongkanand A, Tvrdy K, Takechi K, et al. Quantum dot solar cells tuning photoresponse through size and shape control of CdSe-TiO_2 architecture[J]. J Am Chem Soc, 2008, 130: 4007-4015.

[32] Dong C X, Xian A P, Han E H, et al. Acid-mediated sol-gel synthesis of visible-light active photocatalysts[J]. Journal of materials science, 2006, 41 (18): 6168-6170.

[33] Bandara J, Kuruppu S S, Pradeep U W. The promoting effect of MgO layer in sensitized photodegradation of colorants on TiO_2/MgO composite oxide [J]. Colloids and Surfaces A: Physicochem Eng Aspects, 2006, 276: 197-202.

[34] Taguchi T, Zhang X T, Sutanto I. Improving the performance of solid-state dye-sensitized solar cell using MgO-coated TiO_2 nanoporous film[J]. Chem Comm, 2003, 19: 2480-2481.

[35] Ngamsinlapasathian S, Pavasupree S, Suzuki Y. Dye sensitized solar cell made of mesoporous titania by surfactant-assisted tem-plating method [J]. Solar Energy Materials and Solar Cells, 2006, 90: 3187-3192.

[36] Wang P, Wang L D, Ma B B, et al. TiO_2 surface modification and characteri-zation with nanosized PbS in dye-sensitized solar cells[J]. J Phys Chem B, 2006, 110: 14406-14409.

[37] Wang Z S, Huang C H. A highly efficient solar cell made from a dye modi-fied ZnO-covered TiO_2 nanoporous electrode[J]. Chem Mater, 2001, 13: 678-682.

[38] Asahi R, Morikawa T, Tohwaki T, et al. Visible-light photocatalysis in nitrogen-doped titaniumoxides [J]. Science, 2001, 293: 269-271.

[39] 彭峰，黄垒，陈水辉. 非金属掺杂的第二代二氧化钛光活性剂研究进展[J]. 现代化工，2006，26(2)：18-22.

[40] Yin S, Zhang Q, Saito F. Preparation of visible-activated titania photocatalyst by mechanochemical method[J]. Chem Lett, 2003, 32: 358-359.

[41] Abe H, Kimitani T, Naito M. Influence of NH_3/Ar plasma irradiation on physical and photocatalytic properties of TiO_2 nanopowder[J]. Journal of Photochemistry and Photobiology A: Chemistry, 2006, 183: 171-175.

[42] Li H, Li J, Huo Y. Highly active TiO_2 N photocatalysts prepared by treating TiO_2 precursors in NH_3/ethanol fluid under supercritical conditions[J]. J Phys Chem B, 2006, 110: 1559-1565.

[43] Okada M, Yamada Y, Jin P, et al. Fabrication of multifunctional coating which combines low property and visible-light responsive photocatalytic activity[J]. Thin Solid Films, 2003, 442: 217-221.

[44] Takeda S, Suzuki S, Odaka H, et al. Photocatalytic TiO_2 thin films deposited onto glass by DC magnetron sputtering[J]. Thin Solid Film, 2001, 392 (2): 338-344.

[45] Xu P, Mi L, Wang P N. Improved optical response for N-doped anatase TiO_2 films prepared by pulsed laser deposition in $N_2/NH_3/O_2$ mixture[J]. Journal of Crystal Growth, 2006, 289 (2): 433-439.

[46] Yang T S, Yang M C, Shiu C B. Effect of N_2 ion flux on the photocatalysis of nitrogen-doped titanium

oxide films by electron-beam evaporation[J]. Applied Surface Science,2006, 252 (10): 3729-3736.
[47] Wu P G, Ma C H, Shang J K. Effects of nitrogen doping on optical properties of TiO_2 thin films[J]. Applied physics a-materials science and processing,2005, 81(7): 1411-1417.
[48] Ghicov A, Macak J M, Tsuchiya H,et al. TiO_2 nanotube layers: Dose effects during nitrogen doping by ion implantation[J]. Chemical Physics Letters,2006, 419 (4-6): 426-429.
[49] Thompson T L, Yates J T. Surface science studies of the photoactivation of TiO_2 new photochemical processes[J]. Chemical Reviews,2006, 106: 4428-4453.
[50] Wang Y, Feng C X, Jin Z S, et al. A novel N-doped TiO_2 with high visible light photocatalytic activity [J]. Journal of Molecular Catalysis A: Chemical,2006, 260 (1/2): 1-3.
[51] Yuan J, Chen M X, Shi J W. Preparations and photocatalytic hydrogen evolution of N-doped TiO_2 from urea and titanium tetrachloride [J]. International Journal of Hydrogen Energy, 2006, 31 (10): 1326-1331.
[52] An W J, Thimsen E, Biswas P. Aerosol-Chemical Vapor Deposition Methodfor Synthesis of Nanostructured Metal Oxide Thin Films with Controlled Morphology [J]. Journal of Physical Chemistry Letters,2010, 1(1): 249-253.
[53] Matsumoto T, Iyi N, Kaneko Y, et al. High visible-light photocatalytic activity of nitrogen-doped titania prepared from layered titania/isostearate nanocomposite[J]. Catalysis Today,2007, 120(2): 226-232.
[54] Sano T, Negishi N, Koike K. Preparation of a visible light responsive photocatalyst from a complex of Ti^{4+} with a nitrogen containing ligand[J]. J Mater Chem,2004, 14: 380-384.
[55] Yin S, Yamaki H, Komatsu M. Synthesis of visible-light reactive $TiO_{2-x}N_x$ photocatalyst by mechanochemical doping[J]. Solid State and Sciences,2005, 7 (12): 1479-1485.
[56] Kosowska B, Mozia S, Morawski A W. The preparation of TiO_2-nitrogen doped by calcination of TiO_2 center dot xH ($_2$) O under ammonia atmosphere for visible light photocatalysis [J]. Solar Energy Materials and Solar Cells,2005, 88 (3): 269-280.
[57] Sakthivel S, Janczarek M, Kisch H. Visible light activity and photoelectrochemical properties of nitrogen-doped TiO_2[J]. J Phys Chem B,2004, 108: 19384-19387.
[58] Suda Y, Kawasaki H, Ueda T. Preparation of high quality nitrogen doped TiO_2 thin film as a photocatalyst using a pulsed laser deposition method[J]. Thin Solid Films,2004, 453-454,162-166.
[59] Zhao Y, Li C Z, Liu X H. Synthesis and optical properties of TiO_2 nanoparticles[J]. Materials Letters, 2007, 61(1): 79-83.
[60] Livraghi S, Votta A, Paganini M C. Preparation and spectroscopic characterisation of nitrogen doped titanium dioxide[J]. Studies in Surface Science and Catalysis,2005, 155: 375-380.
[61] Nakamura R, Tanaka T, Nakato Y. Mechanism for visible light responses in anodic photocurrents at N-doped TiO_2 film electrodes[J]. J Phys Chem B,2004, 108: 10617-10620.
[62] Dai K Y Y, Huang B B. Study of the nitrogen concentration influence on n-doped TiO_2 anatase from first-principles calculations[J]. J Phys Chem C,2007, 111(32): 12086-12090.
[63] Emeline A V, Sheremetyeva N V, Khomchenko N V. Photoinduced formation of defects and nitrogen stabilization of color centers in n-doped titanium dioxide [J]. J Phys Chem C, 2007, 111 (30): 11456-11462.
[64] Diwald O, Thompson T L, Zubkov T. Photochemical activity of nitrogen-doped rutile TiO_2(110) in

visiblelight[J]. J Phys Chem B,2004, 108: 6004-6008.

[65] Finazzi E, Di Valentin C, Selloni A. First principles study of nitrogen doping at the anatase TiO_2 (101) surface[J]. J Phys Chem C,2007, 111 (26): 9275-9282.

[66] Desilvestro J, Grätzel M, Kavan L, et al. Very efficient visible light energy harvesting and conversion by spectral sensitization of high surface area polycrystalline titanium dioxide films[J]. J Am Chem Soc, 1985, 107: 2988-2990.

[67] Amadelli R, Argazzi R, Bignozzi C A, et al. Design of antenna-sensitizer polynuclear complexes. Sensitization of titanium dioxide with $[Ru(bpy)_2(CN)_2]_2Ru[bpy(COO)_2]_2$[J]. J Am Chem Soc, 1990, 112: 7099-7103.

[68] O'Regan B, Grätzel M. Light-induced charge separation in nanocrystalline films[J]. Nature,1991, 353: 737-739.

[69] Nazeoddin M K, Kay A, Rodicio I, et al. Conversion of light to electricity by cis-X_2bis(2,2′-bipyridyl-4,4′-dicarboxylate) ruthenium(Ⅱ) charge-transfer sensitizers ($X = Cl^-$, Br^-, I^-, CN^-, and SCN^-) on nanocrystalline titanium dioxide electrodes[J]. J Am Chem Soc,1993, 115: 6382-6390.

[70] Nazeeruddin M K, Péchy P, Renouard T, et al. Engineering of efficient panchromatic sensitizers for nanocrystalline TiO_2-based solar cells[J]. J Am Chem Soc,2001, 123: 1613-1624.

[71] Grätzel M. Dye-sensitized solar cells[J]. J Photoehem Photobiol C,2003, 4(2): 145-153.

[72] Wang P, Zakeeruddin S M, Moser J E, et al. Stable new sensitizer with improved light harvesting for nanocrystalline dye-sensitized solar cells[J]. Adv Mater,2004, 16: 1806.

[73] Sauvé G, Cass M E, Coia G, et al. Dye Sensitization of nanocrystalline titanium dioxide with osmium and ruthenium polypyridyl complexes[J]. J Phys Chem B,2000, 104: 6821-6836.

[74] Zakeeruddin S M, Nazeeruddin M K, Humphry-Baker R. Stepwise assembly of tris-heteroleptic polypyridyl complexes of ruthenium(Ⅱ)[J]. Inorganic Chemistry,1998, 37(20): 5251-5259.

[75] Sayama K, Hara K, Ohga Y, et al. Novel organic dyes for efficient dye-sensitized solar cells[J]. New J Chem,2001, 25: 200-202.

[76] Gao F G, Bard A J, KisPert L D. Photocurrent generated on a carotenoid-sensitized TiO_2 nanocrystalline mesoporous[J]. J Photochem Photobiol A: Chem,2000, 130: 49-56.

[77] Sayama K, Tsukagoshi S, Mori T, et al. Efficient sensitization of nanocrystalline TiO_2 films with cyanine and merocyanine organic dyes[J]. Solar Energy Materials and Solar Cells,2003, 80: 47-71.

[78] Wang Z S, Li F Y, Huang C H, et al. Photoelectric conversion properties of nanocrystalline TiO_2 electrodes sensitized with hemicyanine derivatives[J]. J Phys Chem B,2000, 104: 9676-9682.

[79] Hara K, Kurashige M, Ito S, et al. Novel polyene dyes for highly efficient dye-sensitized solar cells[J]. Chem Commun,2003, 252-253.

[80] Horiuchi T, Miura H, Sumioka K, et al. High efficiency of dye-sensitized solar cells based on metal-free indoline dyes[J]. J Am Chem Soc,2004, 126: 12218-12219.

[81] Bandara J, Weerasinghe H C. Enhancement of photovoltage of dye-sensitized solid-state solar cells by introducing high-band-gap oxide layers[J]. Solar Energy Materials and Solar Cells, 2005, 88(4): 341-350.

[82] Jenks S, Gilmore R. Quantum dot solar cell: Materials that produce two intermediate bands[J]. Journal of Renewable and Sustainable Energy,2010, 2(1): 013111.

[83] Dc Almeida A P, Silva G G, De Paoli M-A. Electron injection versus change recombin-ation in

photoelectrochemical solar cells[J]. Polym Eng and Sci,1999, 39: 430-436.

[84] Kim Y, Choulis S A, Nelson J, et al. Device annealing effect in organic solar cells with blends of regioregular poly (3-hexylthiophene) and soluble fullerene [J]. Appl Phys Lett, 2004, 86: 063502-063504.

[85] Croce F, Appetecchi G B, Persi L. Nanocoposite polymer elecrelytes for lithium batterier[J]. Nature, 1998, 394: 456-458.

[86] Kay A, Grätzel M. Spectral response and Ⅳ-characterization of dye-sensitized nanocrystalline TiO_2 solar cells[J]. J Phys Chem,1993, 97: 6272-6277.

[87] Ehret A, Stuhl L, Spitler M T. Spectral Sensitization of TiO_2 Nanocrystalline Electrodes with Aggregated Cyanine Dyes[J]. J Phys Chem B,2001, 105(41): 9960-9965.

[88] Chen Y S, Zeng Z H, Li C, et al. Highly efficient co-sensitization of nanocrystalline TiO_2 electrodes with plural organic dyes[J]. New J Chem,2005, 29: 773-776.

[89] Guo M, Diao P, Ren Y J, et al. Photoelectrochemical studies of nanocrystalline TiO_2 co-sensitized by novel cyanine dyes[J]. Solar Energy Materials and Solar Cells,2005, 88(1): 23-35.

[90] Yum J H, Jang S R, Walter P,et al. Efficient co-sensitization of nanocrystalline TiO_2 films by organic sensitizers[J]. Chem Commun, 2007, 44: 4680-4682.

[91] Ding H Y, Feng Y J, Lu J W. Study on the service life and deactivation mechanism of Ti/SnO_2-Sb electrode by physical and electrochemical methods[J]. Russian Journal of Electrochemistry, 2010, 46 (1): 72-76.

[92] Peter L M, Duffy N W, Wang R L, et al. Transport and interfacial transfer of electrons in dye-sensitized nanocrystalline solar cells[J]. Journal of Electroanalytical Chemistry, 2002, 524: 127-136.

[93] Longo C, Freitas J, De Paoli M A. Performance and stability of TiO_2/dye solar cells assembled with flexible electrodes and a polymer electrolyte[J]. Journal of Photochemistry and Photobiology A: Chemistry, 2003, 159(1): 33-39.

[94] Konenkamp R, Hennigner R, Hoyer P. Photocarrier transport in colloidal titanium dioxide films[J]. J Phys Chem, 1993, 97: 7328-7330.

第 4 章

钙钛矿太阳能电池

近些年，在太阳能电池的发展中，钙钛矿太阳能电池（PSCs）的发展尤为突出。PSCs 以其高效、低成本、工艺简单的优点成为光伏研究的热点[1]。钙钛矿薄膜的质量、电荷（电子和空穴）传输材料的传输性能以及钙钛矿太阳能电池内部各层薄膜之间的界面好坏等是影响钙钛矿太阳能电池光电转化效率的主要因素。本章将从研究比较集中的空穴传输层材料、光敏层材料两个方面重点阐述，其他部分的研究介绍详见第 1 章。

4.1 钙钛矿太阳能电池概述

4.1.1 钙钛矿太阳能电池发展简史

2009 年，Miyasaka 课题组[2]首次将 $CH_3NH_3PbI_3$ 和 $CH_3NH_3PbBr_3$ 代替染料敏化剂运用到 DSSC 中，由此，钙钛矿太阳能电池诞生。虽然 PSCs 的研究起步比较晚，发展仅十多年时间，但是 PSCs 的效率却发展迅速。在 2009 年诞生之际，器件的光电转化效率只达到了 3.8%，但是仅五年时间，其效率达到了 19.3%[3]。2013 年瑞士的 M. Grätzel 教授采用两步溶液连续旋涂沉积法（简称两步法）制备钙钛矿薄膜，与一步溶液旋涂沉积法（简称一步法）制备的钙钛矿薄膜相比，该方法制备的薄膜质量明显提高，制备的钙钛矿太阳能电池效率提升到了 15.0%[4]。2013 年，Science 将钙钛矿太阳能电池列为十大科技突破之一。2014 年，美籍华人学者杨阳通过优化电荷传输层材料的特性和钙钛矿薄膜质量，将电池效率纪录提升到了 19.3%[5]。2016 年，韩国化学研究院（KRICT）Sang Il Seok 将钙钛矿太阳能电池的效率纪录提升到 22.1%[6]。至 2019 年，PSCs 的光电转化效率已达到 25.2%[7]，显示了极高的发展应用潜力。

目前，该领域科研工作者为了提高钙钛矿太阳能电池的效率主要从以下几个方面开展工作：

① 提升电池转换效率。限制太阳能电池转换效率的原因在于入射角的绝大多数动能被反射面或是散射耗损掉，而只有与光敏层材料能隙相仿的光才可以被消化吸收转换为电能。因而，提升电池转换效率的关键在于改进电池的能带构造。a. 页面调控。由 PSCs 的工作原理能够看得出，PSCs 的转换效率的提高不仅在于光的吸收力，还在于载流子的传输速度。b. 改善钙钛矿电池的制备加工工艺。c. 新材料和新电池构造的尝试。PSCs 最常见的是以 $CH_3NH_3PbI_3$ 为光敏层，以 TiO_2 为 ETL，以 Spiro-OMe TAD 为固态 HTL。可以在 PSCs 的不同结构上寻找新材料替代，或是设计新的方案来构造电池。

② 提高太阳能电池稳定性。钙钛矿材料在潮湿、寒冷的环境和光照下不太稳定，很容易分解，导致电池效率较低，甚至无效。PSCs 的稳定性受温度、湿度和其他环境因素的限制。PSCs 的稳定性可以通过两个方面来提高：一方面是提高光敏层材料自身的稳定性，另一方面可以从传输层找到合适的材料，将电池与自然环境分离，延缓钙钛矿材料的分解。

③ 实现 PSCs 的环境友好化。因为金属铅有毒性，其材料对自然环境不友善，学者们在努力创造无铅化的 PSCs，但相对会产生电池效率的减少，最直接的方式是用同族元素（Sn、Ge 等）来替代 Pb 元素。

4.1.2 钙钛矿太阳能电池结构及工作原理

（1）钙钛矿的晶体结构

钙钛矿最早是被俄罗斯矿物学家 Perovski 发现并以他的名字命名的。最初只是指钛酸钙这种矿物质，后来把结构为 ABX_3 及与之类似的晶体（如图 4-1 所示）统称为钙钛矿物质。A 位于立方体的顶点位置，是+1 价阳离子。B 位于立方晶胞体心处，是+2 价金属阳离子。X 位于立方晶胞体心处，是−1 价卤素阴离子。这种结构具有较低的载流子复合概率和较高的载流子迁移率，因此使得 PSCs 能够获得较长的载流子的扩散距离和较长的寿命[8]。

（2）钙钛矿电池的结构

典型的 PSCs 的结构与染料敏化太阳能电池类似，如图 4-2 所示，由以下五部分组成：

① 导电玻璃基底　材料一般为 ITO 和 FTO。作用是以其优异的光折射率和导电性，提升 PSCs 的性能以及加大对光生电流的收集。

② 电子传输层（ETL）　材料一般为 ZnO 和 TiO_2，作用是降低空穴减少复合，改变 PSCs 吸收层与电极之间的电荷量的变化，提高电子的传输效率。

③ 钙钛矿吸收层　材料一般为 $CH_3NH_3PbI_3$，主要的作用为产生电子-空穴对。

④ 空穴传输层（HTL）　材料一般为 Spiro-OMeTAD。作用是传输空穴，实现电子与空穴的分离，提高空穴注入效率。

⑤ 对电极　也称金属电极，材料一般为金、银等贵金属或碳材料。主要作用是传输电子，构成闭合回路。

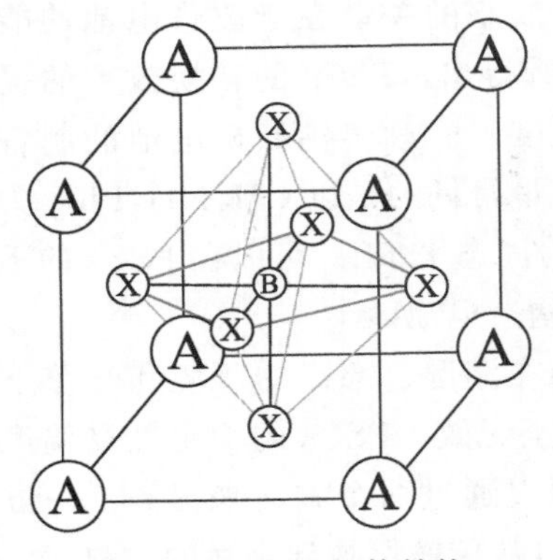

图 4-1　钙钛矿晶体结构

金属电极
空穴传输层
钙钛矿吸收层
电子传输层
导电玻璃

图 4-2　钙钛矿太阳能电池结构示意图

(3) 钙钛矿电池的分类

由于钙钛矿材料的特性，PSCs 包括：介孔结构和平面异质结构（图 4-3），这两种类型结构的电池工作机理差不多。但都有各自的特点，如表 4-1 所示。介孔结构主要包括 FTO、ETL、介孔层、钙钛矿层（光敏层）、HTL 和对电极。其优点是重复性好、形貌稳定且迟滞效应不明显，缺点是开路电压高且易漏电。平面异质结构主要包括 FTO、ETL、光敏层、HTL 和对电极。平面异质结构制作过程简单无需高温退火[9]，这有利于 PSCs 的大面积生产，但迟滞效应明显。有无介孔层即钙钛矿材料的支架层是区分两种结构的重要标志。

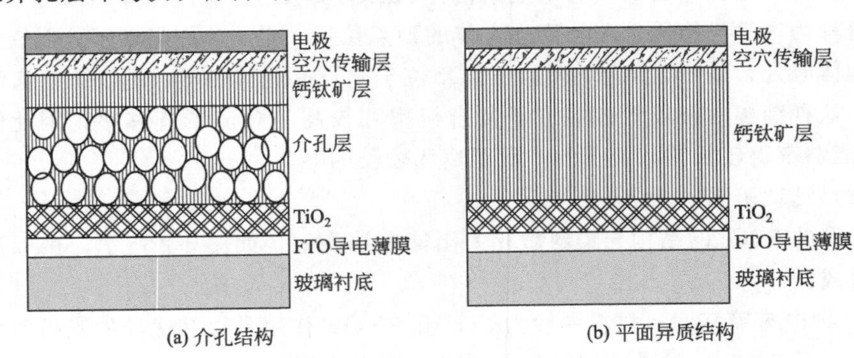

(a) 介孔结构　　(b) 平面异质结构

图 4-3　钙钛矿太阳能电池类型

表 4-1　介孔结构和平面异质结构的特点

结构类型	介孔结构	平面异质结结构
结构要求	多空层	叠层结构
厚度	500nm	400nm

续表

结构类型	介孔结构	平面异质结结构
优点	重复性好，形貌稳定 回滞不明显	制作简单 开路电压高
缺点	易漏电 开路电压高	重复性差，形貌不稳定 回滞较明显

PSCS根据平面结构的不同，可分为P-N型和P-I-N型[10]。P-I-N型的PSCs能与钙钛矿光敏层材料结合进而具有光电转化能力，而P-N型的PSCs不仅能与光敏层材料结合具有光电转化能力，而且能与ETL或HTL结合进而具有电子或空穴的传输能力。其特点如表4-2所示。P-N型的PSCs既具有光电转换的能力又具有电子或空穴的传输的能力。

表4-2 P-I-N型结构和P-N型结构的特点

结构类型	P-I-N型	P-N型
与钙钛矿层结合	是	是
具有光电转化能力	是	是
与ETL或HTL结合	否	是
具有电子或空穴的传输能力	否	是

（4）钙钛矿电池的工作原理

普遍来说，PSCs的工作原理可以分成光子吸收、电荷分离、电荷输送、电荷收集四个部分。

光子吸收：当有自然光照射时，光子受到激发，PSCs的光敏层产生载流子或者称为光激子，光激子快速解离成电子-空穴对的过程。

电荷分离：由于存在内电场，在其作用下载流子在ETL与光敏层的界面和HTL与光敏层的界面处发生分离，一部分可与杂质发生复合反应，剩下未发生复合反应的部分分别扩散到相应的界面，电子对被ETL提取，空穴被HTL提取。

电荷输送：由于内电场的牵引作用，在ETL的作用下电子对到达光阳极，在HTL的作用下到空穴到达对电极。

电荷收集：在对电极处，光阳极的电子和对电极的空穴发生复合反应，通过外电路连接，构成了完整回路，最后被器件的阴阳极界面所收集，并由阴阳极传输到外部电路达到供电效果，使得PSCs完成了光学能转换成电能的目的。

在N-I-P型结构和P-I-N型结构中，金属电极和导电玻璃所对应的阴极或阳极如表4-3所示。

根据吸光材料的特性，PSCs采用多种器件结构来建立有效的载流子传输路径[11]，如图4-4所示。

表 4-3　P-I-N 型结构和 N-I-P 型结构的电极分布

结构类型	P-I-N 型	N-I-P 型
金属电极	阴极	阳极
导电玻璃	阳极	阴极

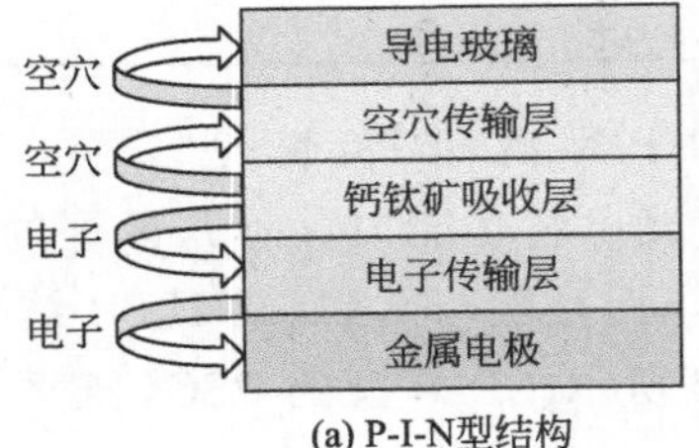

(a) P-I-N型结构

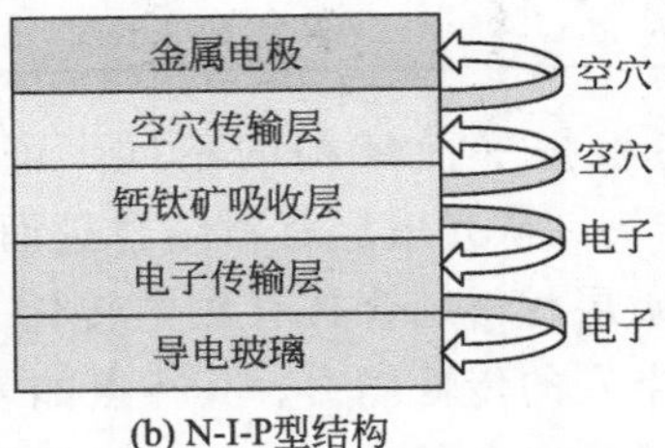

(b) N-I-P型结构

图 4-4　PSCs 的工作原理图

4.2 空穴传输层

空穴传输层主要的作用是将吸收层的空穴与电子分离，其发展在钙钛矿太阳能电池的发展中扮演着特别重要的角色。其中有机小分子空穴传输材料因具有灵活的合成方法、空穴迁移率高、能级可调、热稳定性好等诸多优点，而成为目前研究最为广泛的一类空穴传输材料。

4.2.1 空穴传输材料概述

随着对 PSCs 的研究发现，PSCs 的效率不仅与其自身的性质有关，还与空穴传输层自身的稳定性有关。因此科研人员开始对空穴传输层进行研究。空穴传输层材料（以下简称 HTM）的不断发现和应用，使得 PSCs 在一定程度上维持相对稳定，与此同时具有比较强的空穴传输能力以及比较高的 PCE，这也促使了 PSCs 成为光伏研究领域的热点。

（1）空穴传输层的作用

空穴传输层（以下简称 HTL）主要的作用是将吸收层的空穴与电子分离，在金属电极背面和钙钛矿层之间起着势垒的作用，防止钙钛矿中的电子和金属接触中的空穴之间发生载流子的复合，提高电池的性能。

（2）空穴传输层的选取原则

空穴传输层需要满足的基本条件：

① 具有与钙钛矿材料相匹配的能级：HOMO 能级应高于钙钛矿的价带[12]。

② 具有较高的空穴迁移率：达到快速传输空穴的目的。一般情况下，通过加入掺杂剂的方式，克服较低的迁移率，不足之处是添加掺杂剂可能会降低

PSCs的稳定性。

③ 在可见光区域有吸收：如果HTM的吸光范围与钙钛矿互补，会导致电池的吸光范围增大，进而电池的捕光性能有所提升。

④ 具有良好的稳定性：一般HTM的玻璃化转变温度在100℃以上，有利于更稳定的无定形薄膜的形成。

⑤ 具有优异的成膜性和良好的溶解能力：优异的成膜性可以保证HTM被更好地填充到钙钛矿层中的孔隙中，并与钙钛矿形成强且密切的附着，以促进电荷转移；对于低成本的溶液工艺（如喷墨印刷和旋涂），需要HTM在有机溶剂中具有优异的溶解度。

⑥ 具有商业化生产成本低、环保的特点：HTM应具有容易合成，可循环利用，无毒无害等优点[13]。

理想的HTM有效延长PSCs中分离电荷的寿命的作用。

（3）空穴传输层的分类

常见的空穴传输层材料主要分为以下四类：有机材料、聚合物材料、无机材料、复合材料。其中，有机小分子材料最常见的是Spiro-OMe TAD及其改性材料，聚合物材料最常见的是P_3HT、PTAA等，无机材料最常见的是CuI、NiO等。钙钛矿电池中也存在无传输层的情况，是因为材料中的电子、空穴传导能力都很强，所以无空穴传输材料的PSCs也出现于部分研究报道[14]。

4.2.2 有机小分子空穴传输材料

有机小分子HTM因具有灵活的合成方法、空穴迁移率高、能级可调、热稳定性好且光电转换效率高等优点，所以成为目前研究最为广泛的一类HTM。从而开发此类新型HTM备受重视。

4.2.2.1 有机小分子空穴传输材料

（1）含三苯胺结构的有机小分子空穴传输材料

有机小分子HTM中使用最广泛的便是三苯胺空穴传输材料，主要包含螺旋结构、星形结构、线形结构和其他结构的三苯胺HTM。三苯胺基团结构可以有效地减少电荷复合，所以说三苯胺基团是HTM的重要构筑单元。

① 含三苯胺螺旋结构的有机小分子空穴传输材料　螺形化合物具有特殊的刚性非平面结构和分子间的共轭性，实验表明带有螺形结构的HTM会凸显更优异的空穴传输性能。Saliba等[15]制备以Spiro-OMeTAD（图4-5）为HTM的PSCs的PCE达到21.17%，该电池在空气中放置250h，还具有18%的光电转换效率。Spiro-OMeTAD是如今使用最广泛的HTM。最早应用于PSCs中的小分子HTM就是Spiro-OMeTAD[16]。

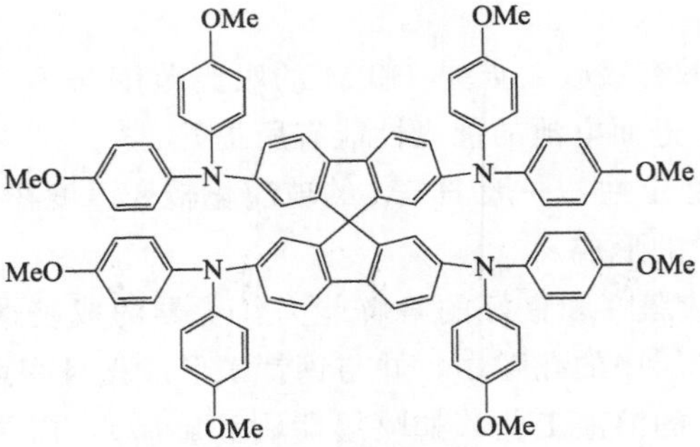

图 4-5　Spiro-OMeTAD 的结构式

研究者们通过改变 Spiro-OMeTAD 的取代基、合成新的化合物、掺杂其他物质等方法，使得新型 HTM 电压有所提升，电池的稳定性也有所增强。李军[17]设计合成了 Spiro-009［图 4-6（a）］和 Spiro-014［图 4-6（b）］两种化合物。

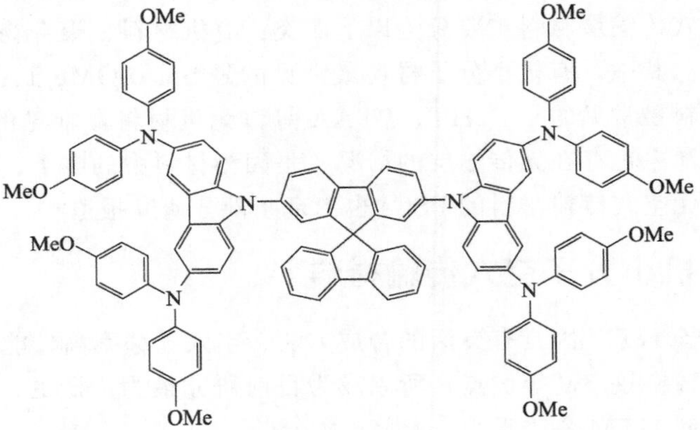

(a)

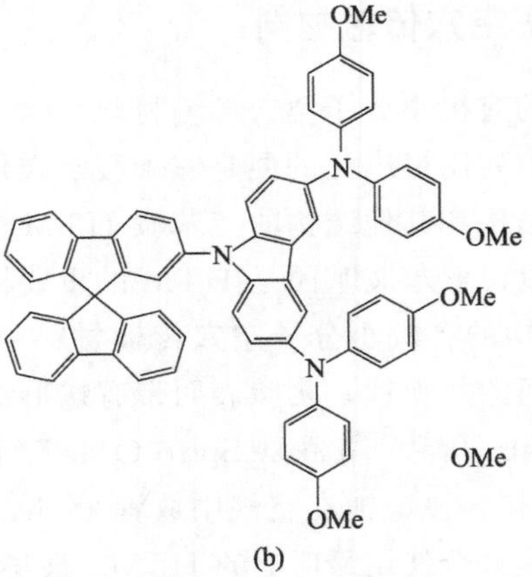

(b)

图 4-6　Spiro-009 的结构式（a），Spiro-014 的结构式（b）

以 Spiro-009 作为 HTM 制备 PSCs 的 PCE 为 13.79%，以 Spiro-014 作为 HTM 制备 PSCs 的 PCE 为 11.83%，前者的短路电流、填充因子都明显高于后者，从宏观来看，结构对称性是主要影响因素。

王志强等[18]在未进行优化的条件下，以化合物 Spiro-HTPA（S1）［图 4-7（a）］作为 HTM 制备的 PSCs 的 PCE 为 5.27%；以化合物 Spiro-OMeTPA (S2)［图 4-7（b）］作为 HTM 制备的 PSCs 的 PCE 为 5.97%，在掺杂 LiTFSI/TBP 的情况下以 S2 制备的 PSCs 的 PCE 为 12.56%。具有甲氧基的 S2 比无甲氧基的 S1 转化效率高。掺杂之后，相同条件下，PCE 增高了 6.59%。可见，掺杂在空穴传输材料中起到了积极作用。

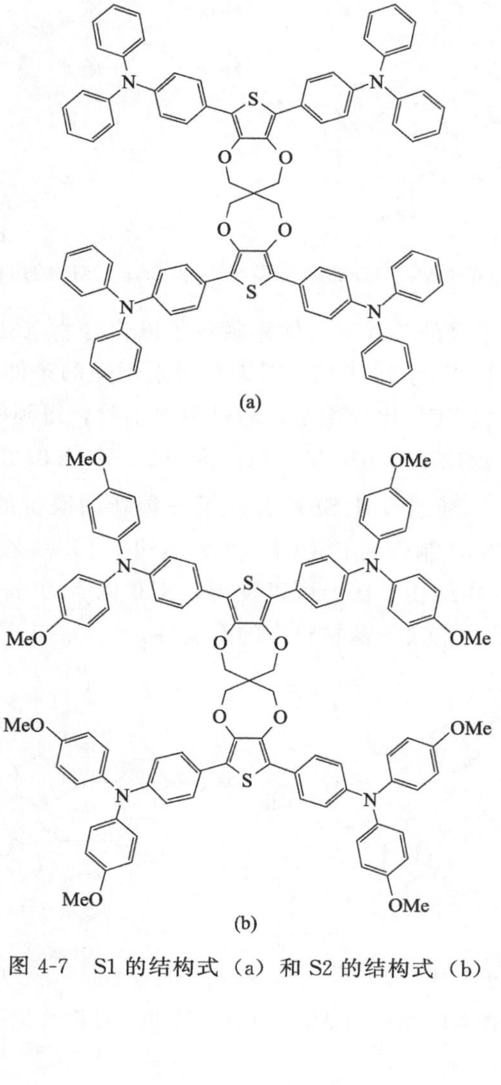

(a)

MeO OMe MeO OMe MeO OMe MeO OMe

(b)

图 4-7　S1 的结构式（a）和 S2 的结构式（b）

李慧[19]以 SDF-OMeTAD［图 4-8（a）］作为 HTM 的最优器件条件下，制备 PSCs 的 PCE 为 13%。在无掺杂剂的情况下，以 SDF-OMeTAD 制备 PSCs 的 PCE 仅为 4.83%。使用 SDF-OMeTAD+TBP+Li 制造的 PSCs 的 PCE 均大于 10%。Wang 等[20]在无掺杂的条件下，以 SAF-OMe［图 4-8（b）］作为 HTM 制得的 PSCs 的 PCE 达到了 12.39%。经过掺杂后，以 SAF-OMe 作为 HTM 制得的 PSCs 的 PCE 高达 16.73%。

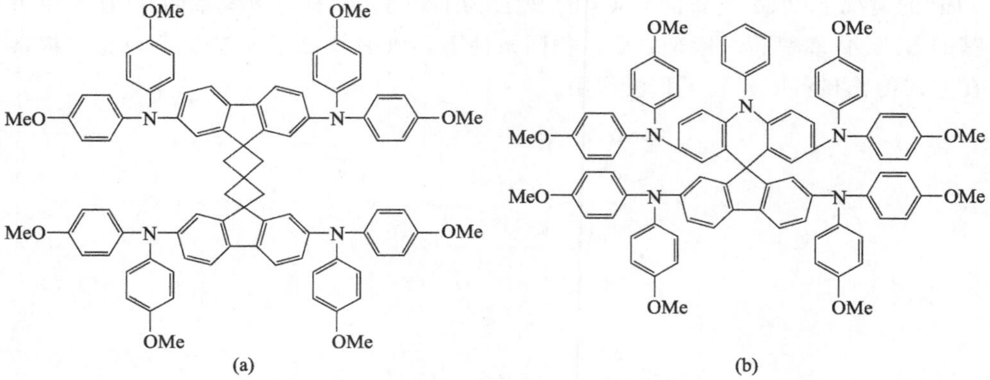

图 4-8 SDF-OMeTAD 的结构式（a）和 SAF-OMe 的结构式（b）

Bi 等[21]在黑暗干燥的条件下，优化制备了以化合物 X59［图 4-9（a）］作为 HTL 的 PSCs 的 PCE 为 19.8%，因为在阴暗干燥的条件下放置 35 天，PCE 仅降低了 2.5%，所以 PCE 比较稳定，经过多次实验，得到的 PCE 为（18.98±0.66)%，V_{OC} 为（1.12±0.01）V，J_{SC} 为（22.77±0.25）mA/cm^2，FF 为 0.73±0.02。Xu 等[22]通过设计 SFX 合成了一种新型廉价的 HTMX60［图 4-9（b）］，以 X60 为 HTM 制得的 PSCs 的 PCE 达到了 19.84%。X59 与 X60 相比，转化效率相对较低，在结构对比中可以发现，X60 比 X50 多了两个三苯胺基团。由此证明三苯胺分子在空穴传输材料中的重要性。

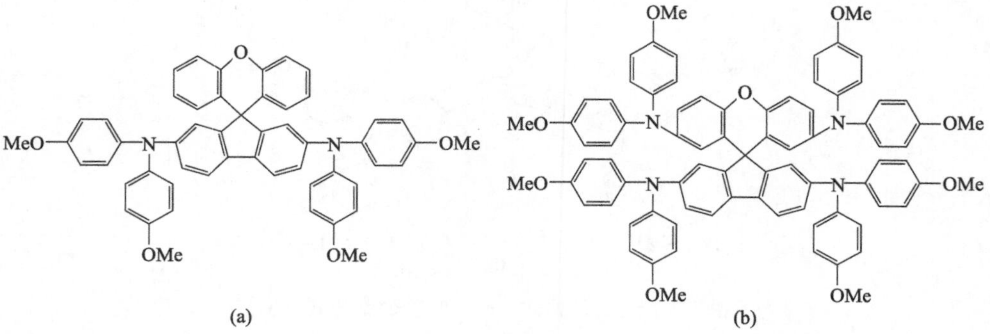

图 4-9 X59 的结构式（a）和 X60 的结构式（b）

张金辉[23]设计合成的Spiro-IF［图4-10（a）］作为HTM制备正式的平面异质结PSCs的PCE达到了18.46%。该类材料是一类性能优异的HTM。邹凯义[24]通过将羰基引入Spiro-OMeTAD中，设计Spiro-PT-OMeTAD［图4-10（b）］作为HTM制备PSCs的PCE为13.83%。

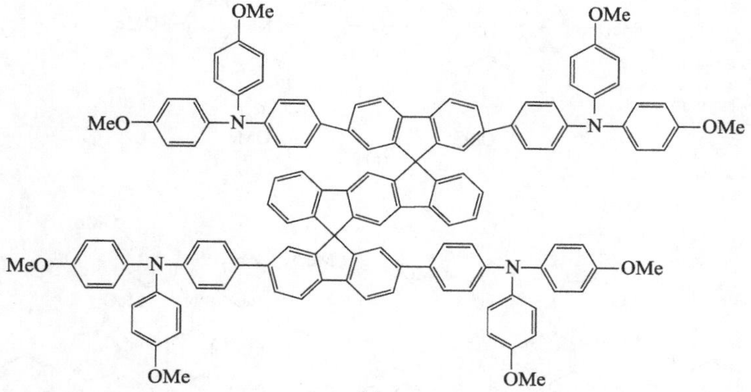

(a)

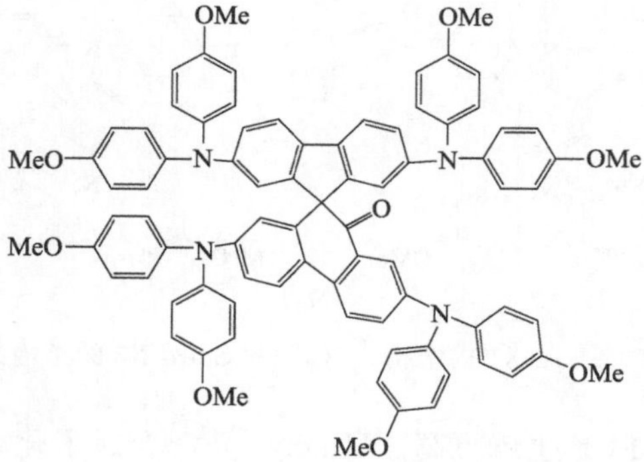

(b)

图4-10　Spiro-IF的结构式（a）和Spiro-PT-OMeTAD的结构式（b）

张金辉[25]合成了Spiro-X1［图4-11（a）］作为HTL制备正式的平面异质结PSCs的PCE为14.74%。Spiro-X2［图4-11（b）］作为HTL制备正式的平面异质结PSCs的PCE为17.04%。

② 含三苯胺星形结构的有机小分子空穴传输材料　含三苯胺结构的星形HTM一般是由含三苯胺衍生物基团通过苯、双键、噻吩等为桥联到三苯胺上而形成的有机小分子HTM。

Molinaontoria等[26]以BTT为核，合成了三种星形HTM：BTT-1、BTT-2、BTT-3，以三种材料作为HTL制备的PSCs的PCE分别为16.6%、17.3%和18.2%。BTT-3［图4-12（a）］的HOMO能级比较低，所以能级更加匹配，

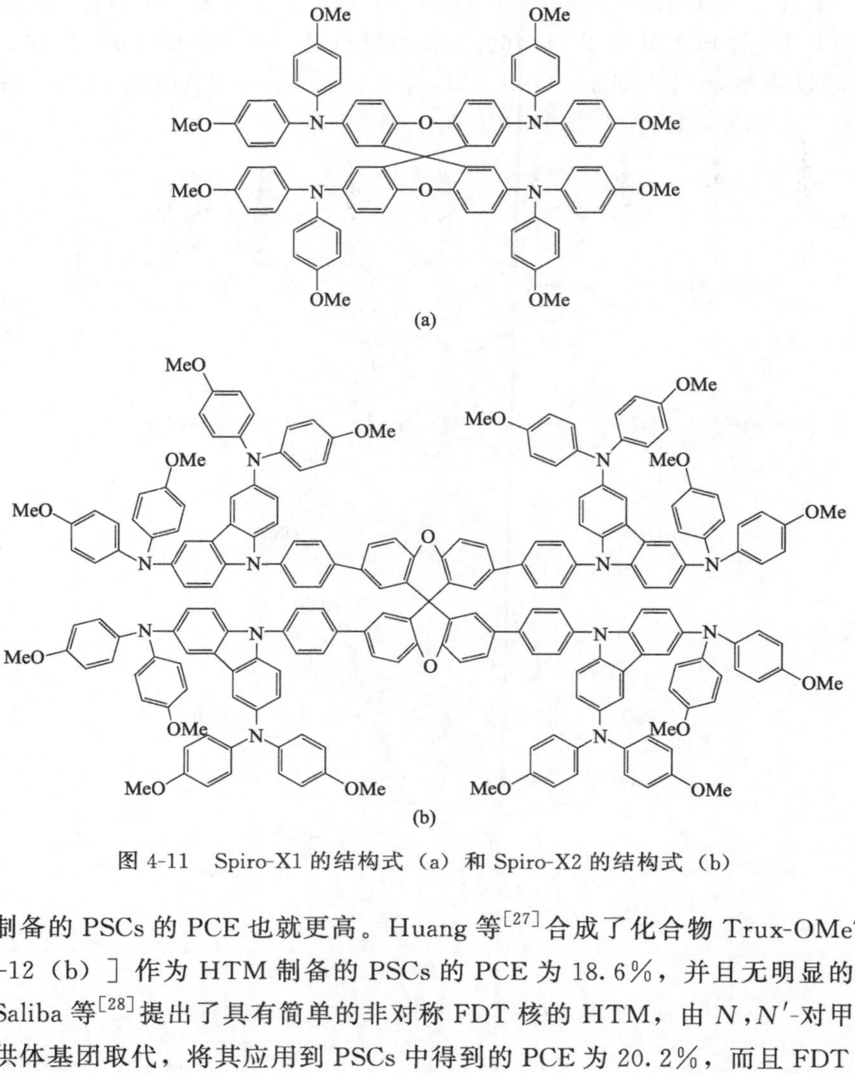

(a)

(b)

图 4-11　Spiro-X1 的结构式（a）和 Spiro-X2 的结构式（b）

因此制备的 PSCs 的 PCE 也就更高。Huang 等[27]合成了化合物 Trux-OMeTAD［图 4-12（b）］作为 HTM 制备的 PSCs 的 PCE 为 18.6%，并且无明显的滞后性。Saliba 等[28]提出了具有简单的非对称 FDT 核的 HTM，由 *N*,*N*′-对甲氧基苯胺供体基团取代，将其应用到 PSCs 中得到的 PCE 为 20.2%，而且 FDT 是相对廉价的材料。

蔡俊[29]采用简单的“一锅煮”法制备得到了两种结构确定的 1,3,6,8-四取代芘的衍生物的枝状分子。如图 4-13 所示，$C_{232}H_{162}N_8$（化合物Ⅲ）作为 HTM 制备 PSCs 的 PCE 为 13.77%，$C_{248}H_{194}N_8O_{16}$（化合物Ⅳ）作为 HTM 制备 PSCs 的 PCE 为 14.07%。

陈瑞[30]通过蒸镀法得到 m-MTDATA［图 4-14（a）］作为 HTM 制备的 PSCs 的最高 PCE 为 15.17%。刘娜[31]在无掺杂物条件下，将 XSln847［图 4-14（b）］作为 HTM 应用到 PSCs 获得了 15.02%的 PCE，在掺杂 F4TCNQ

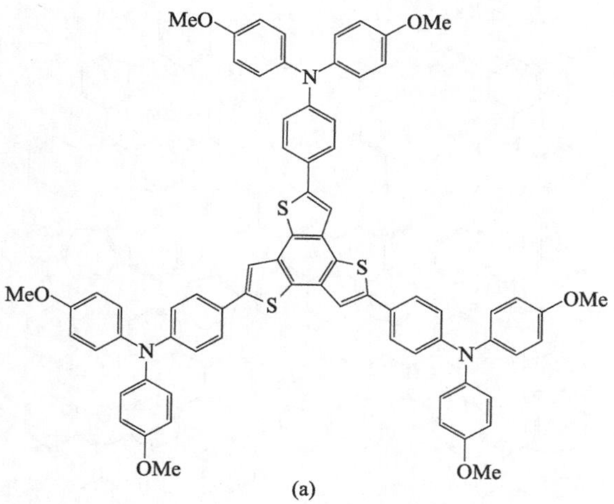

图 4-12 BTT-3 的结构式（a）和 Trux-OMeTAD 的结构式（b）

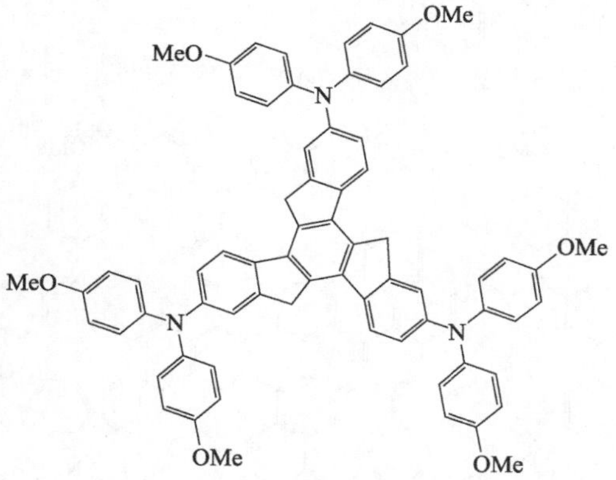

的条件下，XSln847 作为 HTM 应用到 PSCs 的 PCE 提升达到 17.16%。

③ 含三苯胺线形结构的有机小分子空穴传输材料　赵传武[32]基于Ⅰ型化合物（TPAAZO，MTPAAZO，LTPAAZO 和 YDAZO）（图 4-15）作为 HTM 应用 PSCs 分别取得了 7.48%，9.02%，8.10%和 7.66%的 PCE。

向俊彦[12]在无掺杂的条件下，以 TPB 为核心的化合物 XY1（图 4-16）作为 HTM 应用到 PSCs 中，获得了 13.23%的 PCE。以 XY1 为 HTM 制备的未封装器件，在相对湿度为 40%时，经过 600h 的老化，器件的效率仍保持不变。作为 HTM 制备的 PSCs 有更好的稳定性。

王梦涵等[33]将合成的 1-T［图 4-17（a）］作为 HTM 应用到反向无掺杂的 PSCs 中，获得了 13.0%的 PCE。将合成的 1-OT［图 4-17（b）］HTM 应用到

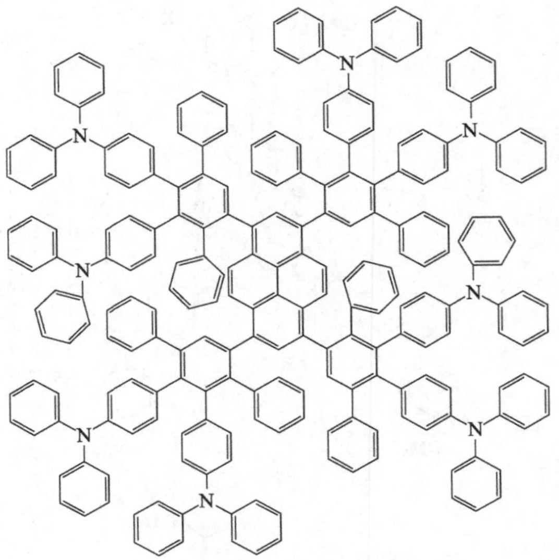

(a)

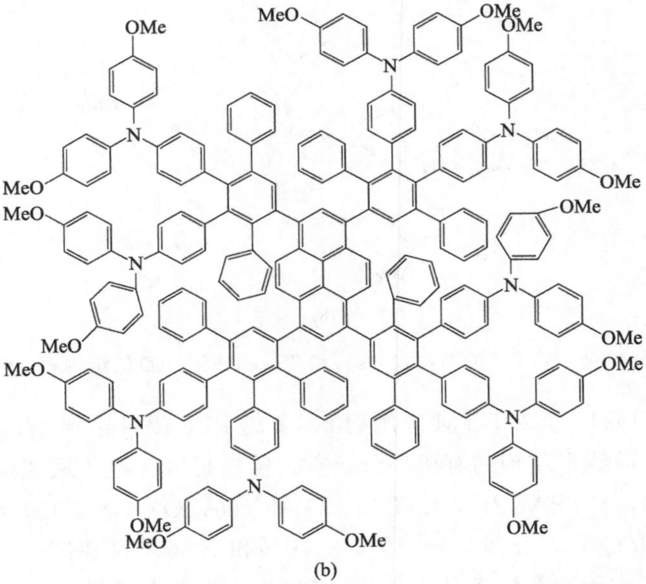

(b)

图 4-13　化合物Ⅲ的结构式（a）和化合物Ⅳ的结构式（b）

反向无掺杂 PSCs 中，获得了 14.4%的 PCE。将合成的 1-OTCN［图 4-17（c）］HTM 应用到反向无掺杂的 PSCs 中，获得了 16.8%的 PCE。从结构式中看出，加入给电子基团甲氧基、强吸电子基团双氰基乙烯基可以提高 PSCs 的转化效率。

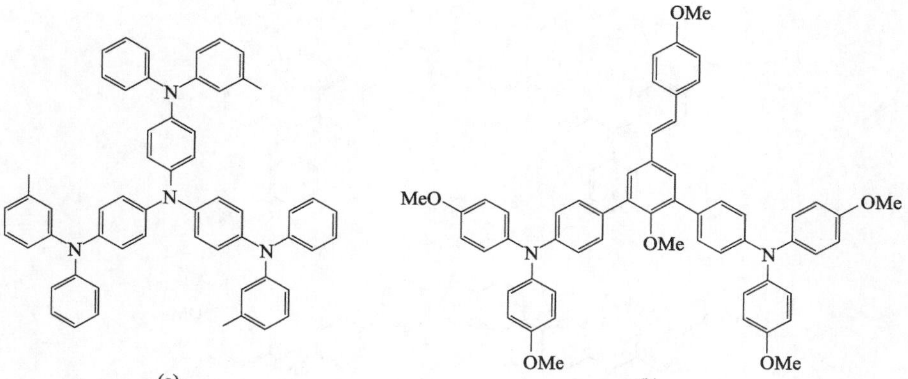

图 4-14　m-MTDATA 的结构式（a）、XSln847 的结构式（b）

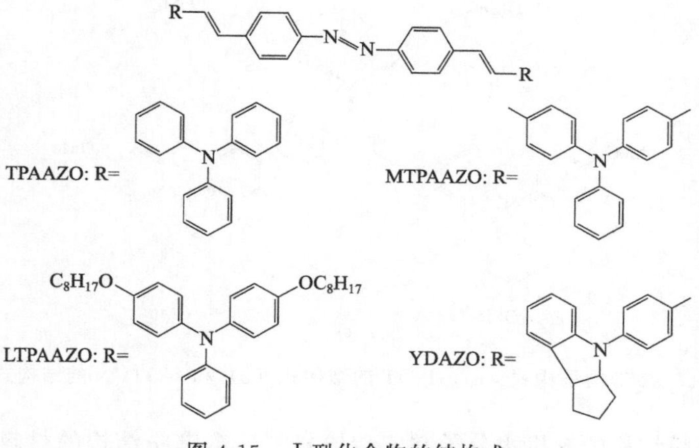

图 4-15　Ⅰ型化合物的结构式

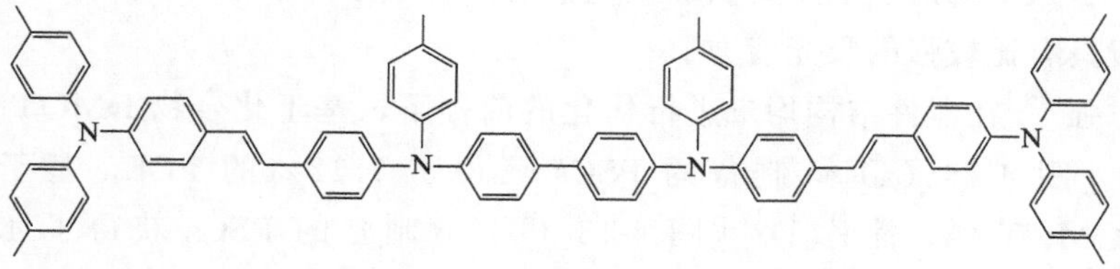

图 4-16　XY1 的结构式

（2）含其他结构的有机小分子空穴传输材料

含氮小分子制得 HTM，由于 *N*-二对甲氧基苯基取代的芘衍生物的分子结构较大，分子属于非平面结构，能减少电荷复合，从而获得较高的 PCE。

含硫基团小分子的 HTM 成为潜在的合适的 PSCs 用 HTM 具有两个原因：第一，避免离子添加剂的掺杂；第二，长链烷基的引入可以增强材料疏水性。

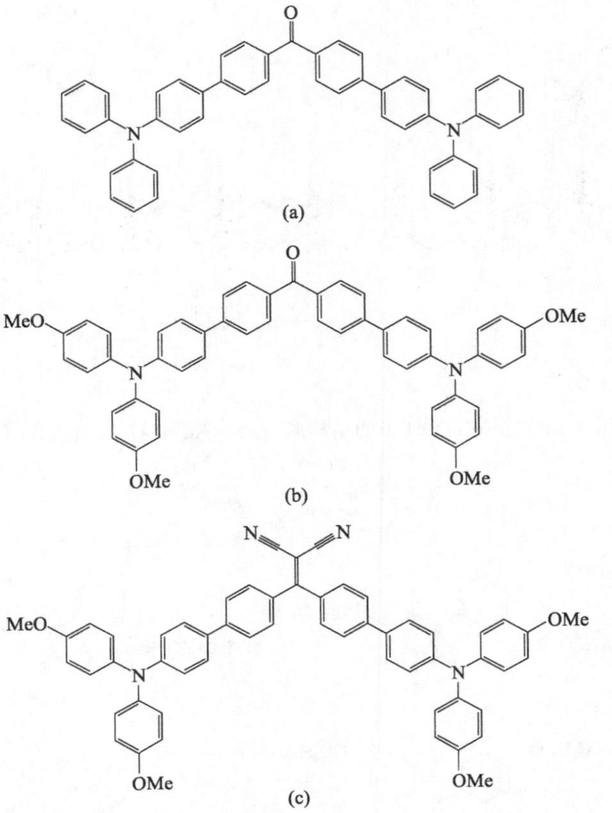

图 4-17　1-T 的结构式（a），1-OT 的结构式（b）和 1-OTCN 的结构式（c）

① 含噻吩结构的有机小分子空穴传输材料　含噻吩结构的材料一般是以噻吩为桥，引入不同的供电子集团和吸电子基团合成小分子 HTM。含噻吩结构的材料一般具有比较强的吸光能力。

王志强[18]在器件结构均未进行优化的前提下，基于化合物 DMOT-HTPA，简称 D1［图 4-18（a）］制备的 PSCs 获得了 7.12%的 PCE。基于化合物 DMOT-OMe TPA，简称 D2［图 4-18（b）］制备的 PSCs 获得了 4.51%的 PCE。基于化合物 DMOT-V-MeO TPA，简称 D3［图 4-18（c）］制备的 PSCs 获得了 8.02%的 PCE。在掺杂 LiT FSI/TBP 的情况下，基于化合物 D3 制备的 PSCs 获得了 12.39%的 PCE。D2 比 D1 多出四个给电子基甲氧基，但转化效率并没有提高，反而降低了。在改变中心基团以后，转化效率又有所提升。这意味着改变其结构的同时，要考虑引入基团是否合适。

赵宁[34]在无添加剂的情况下，将合成的 DEPT-SC（图 4-19）作为 HTM 制备 PSCs 的 PCE 为 9.73%。在掺杂添加剂（质量分数为 1%的 F4TCNQ）的条件下，以 DEPT-SC 作为 HTM 制备 PSCs 的 PCE 为 11.52%。选择合适的掺杂剂质量分数亦可以作为提升电池性能的重要因素。

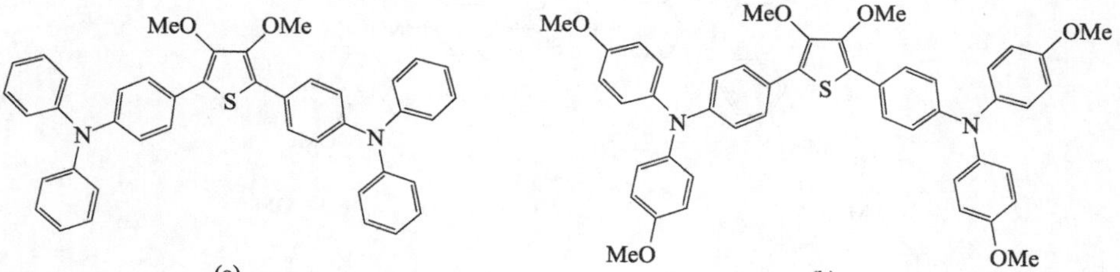

图 4-18 D1 的结构式（a），D2 的结构式（b）和 D3 的结构式（c）

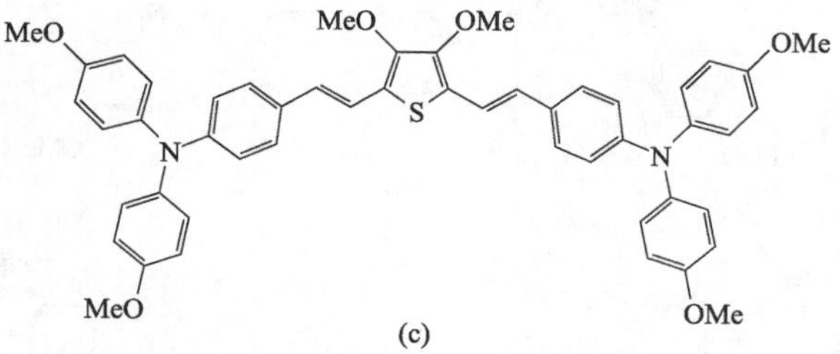

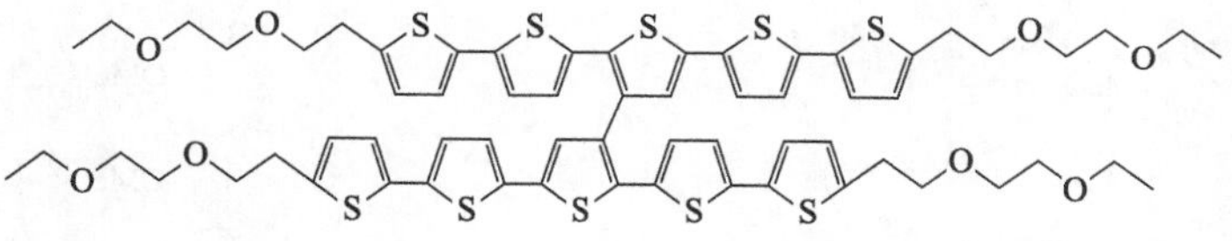

图 4-19 DEPT-SC 的结构式

吴云根[35]以 M101［图 4-20（a）］作为 HTM 应用到 PSCs 获得了 10.62% 的 PCE，以 M102［图 4-20（b）］作为 HTM 应用到 PSCs 获得了 14.34% 的 PCE。通过引入 3-己基噻吩和 EDOT，分子 M103［图 4-20（c）］和 M104［图 4-20（d）］的溶解性和成膜性有所提高，进而提高了光伏性能。以 M103 作为 HTM 应用到 PSCs 获得了 14.78% 的 PCE。以 M104 作为 HTM 应用到 PSCs 获得了 13.02% 的 PCE。测试结果表明：引入噻吩基团，提高了空穴分子抑制电子复合的能力。

刘丽媛[36]以 M109［图 4-21（a）］作为 HTM 应用到 PSCs 获得了 18.14% 的 PCE，以噻吩并[3,2-b]吲哚核的小分子 HTM 制备 PSCs 领域具有巨大潜力。李梦圆[37]以 M114［图 4-21（b）］作为 HTM 制备的 PSCs 获得的 PCE 为 17.17%，M114 具有比较高的空穴转移效率。在未封装状态下，以 M114 作为 HTM 制备的 PSCs 储存超过 600h 后，检测结构是初始 PCE 的 90% 以上，证明 M114 具有良好的稳定性。

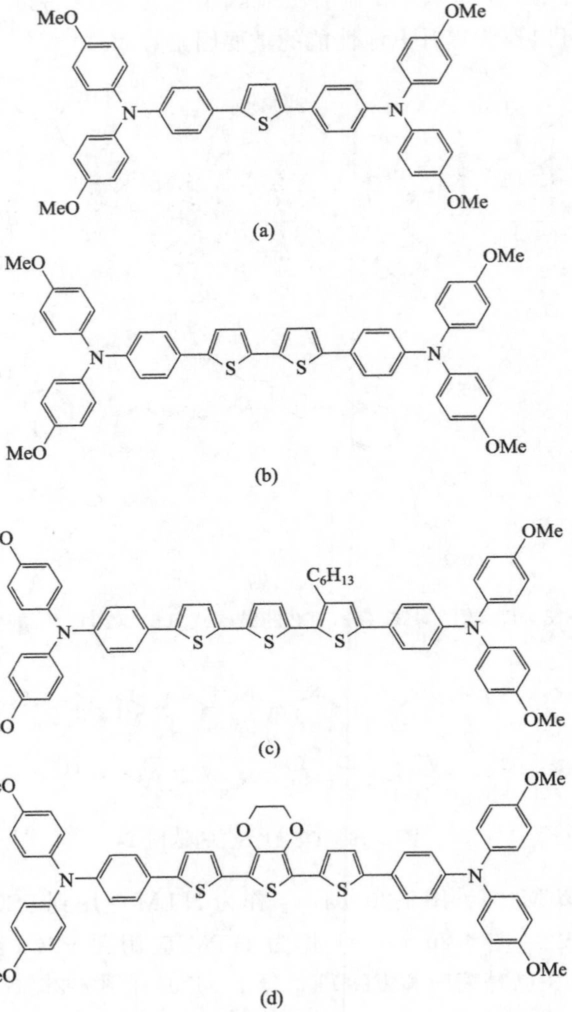

图 4-20　M101 的结构式（a），M102 的结构式（b），
M103 的结构式（c），M104 的结构式（d）

向俊彦[12]合成了以噻吩环为核心的化合物 DMOT-V-MeTPA（简称 HTM1）［图 4-22（a）］，作为 HTM 应用到 PSCs 获得了 10.58%的 PCE。以化合物 DMOT-V-MeO TPA（简称 HTM2）［图 4-22（b）］，作为 HTM 应用到 PSCs 获得了 12.71%的 PCE。HTM2 将 MTM1 中的甲基替换成了甲氧基，使化合物性能提升了。

② 含咔唑结构的有机小分子空穴传输材料　李慧[19]在加入掺杂剂的情况下，以 HTM3［图 4-23（a）］作为 HTM 制备 PSCs 获得了 17.56%的 PCE，

以 HTM5［图 4-23（b）］作为 HTM 制备 PSCs 获得了 2.68%的 PCE，HTM5 的性能明显低于 HTM3 的性能，证明三苯胺基团在 PSCs 领域的重要性。

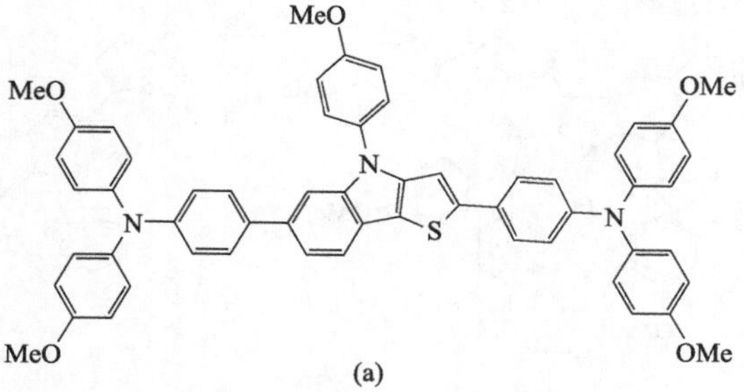

(a)

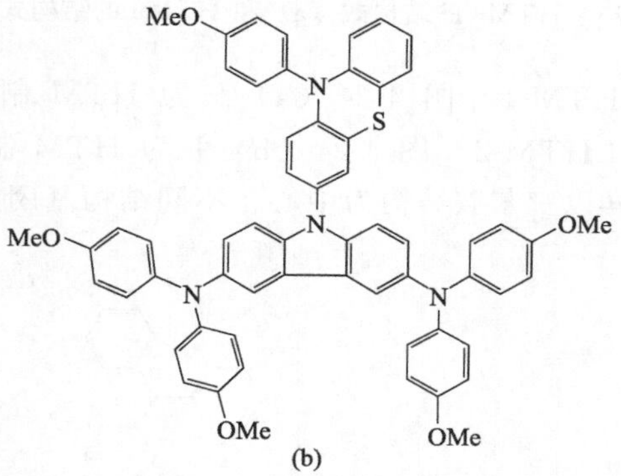

(b)

图 4-21　M109 的结构式（a）和 M114 的结构式（b）

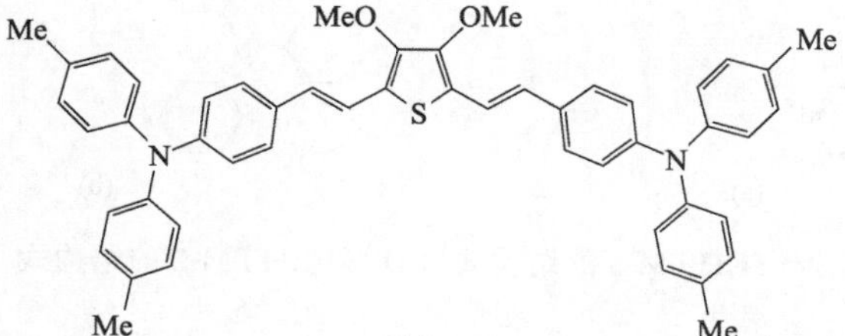

(a)

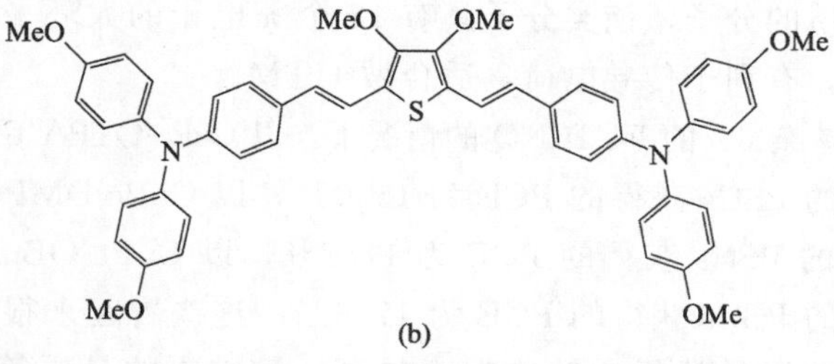

(b)

图 4-22　HTM1 的结构式（a）和 HTM2 的结构式（b）

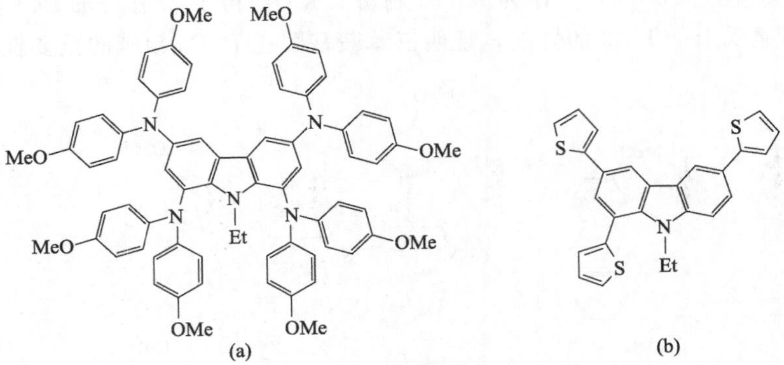

图 4-23 HTM3 的结构式（a）和 HTM5 的结构式（b）

罗军生[38]以 LHTM-1［图 4-24（a）］为 HTM 制备的 PSCs 取得了 11.25%的 PCE，以 LHTM-2［图 4-24（b）］为 HTM 制备的 PSCs 取得了 14.81%的 PCE，同样以三苯胺结构为中心，不同结构基团的提升 PSCs 的 PCE 也不同。

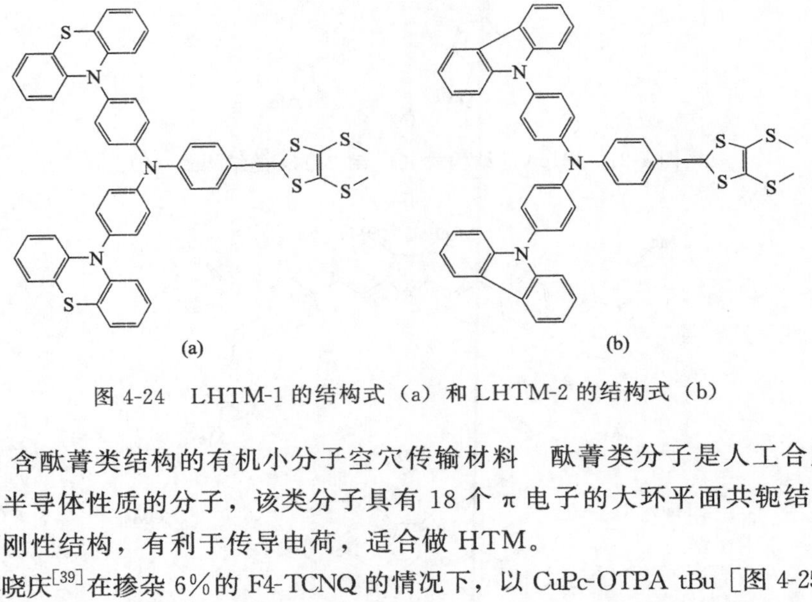

图 4-24 LHTM-1 的结构式（a）和 LHTM-2 的结构式（b）

③ 含酞菁类结构的有机小分子空穴传输材料 酞菁类分子是人工合成的一类具有半导体性质的分子，该类分子具有 18 个 π 电子的大环平面共轭结构、二维平面刚性结构，有利于传导电荷，适合做 HTM。

蒋晓庆[39]在掺杂 6%的 F4-TCNQ 的情况下，以 CuPc-OTPA tBu［图 4-25（a）］作为 HTM 制备的 PSCs 获得的 PCE 为 15.0%，以 CuPc-DMP［图 4-25（b）］作为 HTM 制备的 PSCs 获得的 PCE 为 17.1%，以 CuPc-OBu［图 4-25（c）］作为 HTM 制备的 PSCs 获得的 PCE 为 17.6%。这些看起来很复杂的结构，其合成途径类似，并不是越复杂转化效率越高，最重要的是要符合 PSCs 的能级要求。

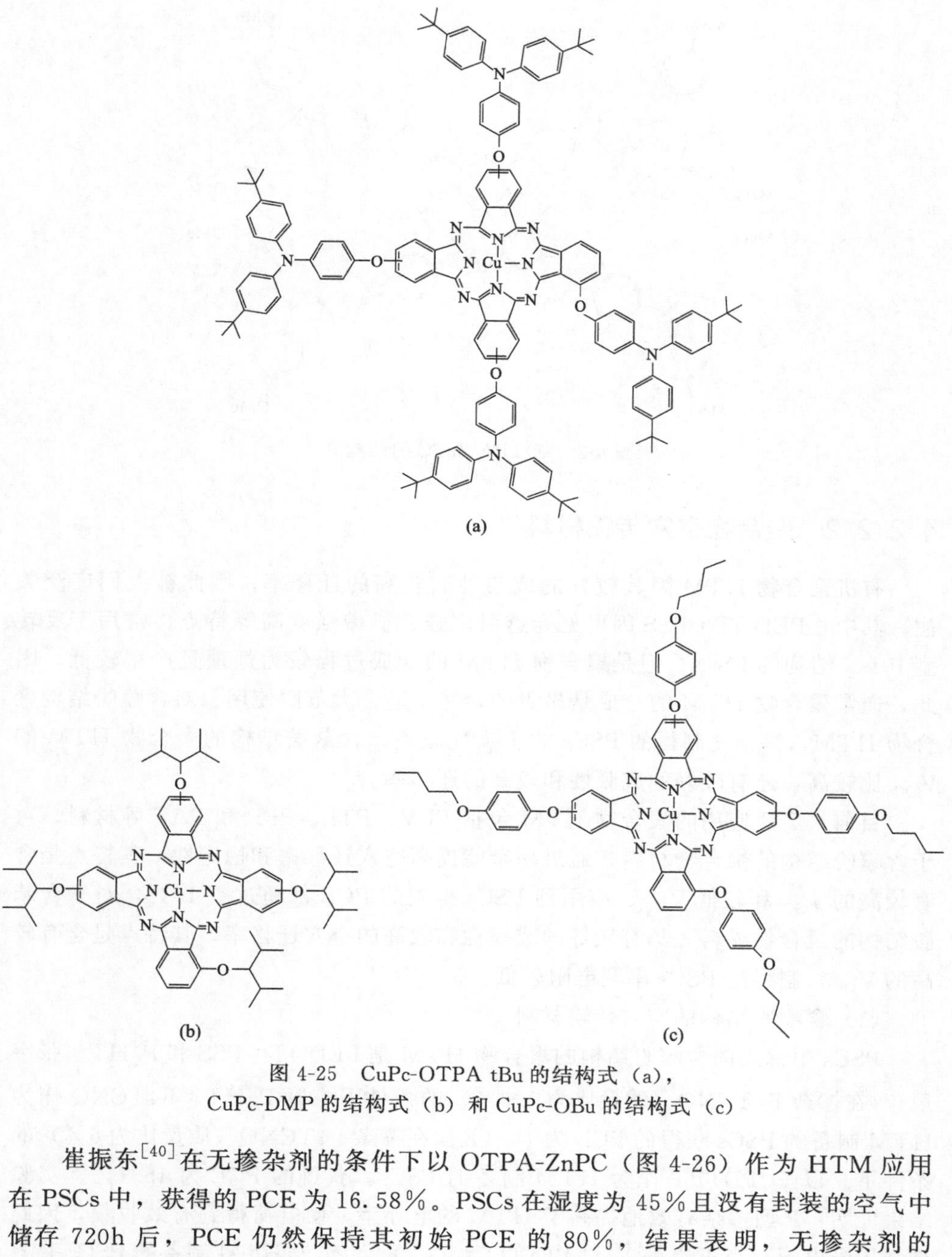

(a)

(b)

(c)

图 4-25　CuPc-OTPA tBu 的结构式（a），
CuPc-DMP 的结构式（b）和 CuPc-OBu 的结构式（c）

崔振东[40]在无掺杂剂的条件下以 OTPA-ZnPC（图 4-26）作为 HTM 应用在 PSCs 中，获得的 PCE 为 16.58%。PSCs 在湿度为 45%且没有封装的空气中储存 720h 后，PCE 仍然保持其初始 PCE 的 80%，结果表明，无掺杂剂的 OTPA-ZnPC 应用在 PSCs 具有良好的稳定性。转化效率又高，稳定性又好的 HTM 适合商业化发展。

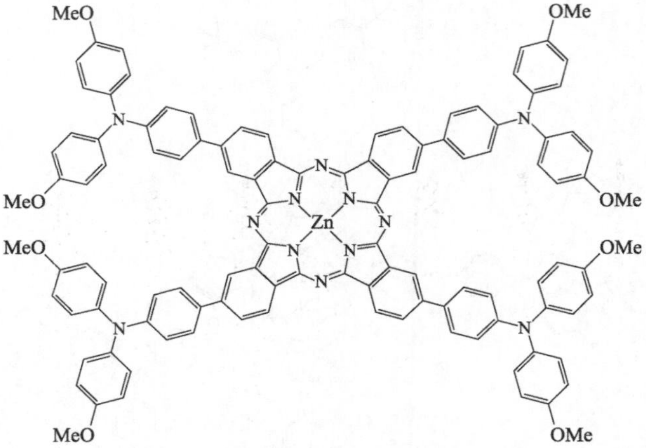

图 4-26 OTPA-ZnPC 的结构式

4.2.2.2 聚合物空穴传输材料

有机聚合物 HTM 因其较好的成膜性和较高的迁移率，因此被人们广泛关注。其中，PEDOT∶PSS 因可见光透射率强、机械强度高等特点，常用于反转型 P-I-N 结构的 PSCs。但是聚合物 HTM 的合成过程较为烦琐且产率较低，因此，通常聚合物 HTM 的合成是昂贵的，并不适合大范围使用。对含噻吩结构聚合物 HTM，掺杂使制得的 PSCs 的 J_{SC} 比较高。含苯胺结构的聚合物 HTM 的 V_{OC} 比较高，还有较好的成膜性和较高的迁移率。

目前，广泛应用的聚合物 HTM 包括 PPV、PTh、PPP 和 PAF 等材料。对于含噻吩结构的聚合物材料，通过掺杂能提高空穴迁移率和稳定性，其特点是含有较高的 J_{SC} 和较低 V_{OC}。应用到 PSCs 得到的 PCE 都超过了 10%，对于含苯胺结构的聚合物材料，具有较好的成膜性和较高的空穴迁移率，其特点是含有较高的 V_{OC}，制得的 PSCs 串联电阻较低。

(1) 含噻吩结构的空穴传输材料

PSCs 中常用的含噻吩结构的聚合物 HTM 是 PEDOT∶PSS 和 P_3HT。张宇辰[41]在掺杂 F4TCNQ（质量比为 1.0%）的条件下。以 P_3HT∶F4TCNQ 作为 HTM 制备的 PSCs 获得的 PCE 为 14.4%。在掺杂 F4TCNQ（质量比为 6%）的条件下。以 PCPDTBT 作为 HTM 制备的 PSCs，获得的 PCE 为 15.1%。实验结果证明：P 型掺杂有效地提高了 HTM 的电导率，使电荷得到有效收集，因此增强了光电流。肖玉娟等[42]以 PEDOT∶T(1∶2) 作为 HTM 制备的 PSCs 获得的 PCE 为 8.6%。其中 V_{OC} 为 0.77V，J_{SC} 为 18.07mA/cm^2，FF 为 0.61。以 PEDOT∶T(1∶4) 作为 HTM 制备的 PSCs 获得的 PCE 为 8.3%。

(2) 含苯胺结构的空穴传输材料

以苯胺、吡咯基、芴等为结构单元的聚合物一般称为含苯胺结构的聚合物 HTM。贾小娥[16]在没有优化的情况下，以聚合物 P1-P6 作为 HTM 制备平面 PSCs 获得的 PCE 分别为 4.3%、2.6%、4.8%、7.9%、5.3%以及 8.9%。在最优的条件下，P6（图 4-27）作为 HTM 制备 PSCs 获得 PCE 为 19.4%。

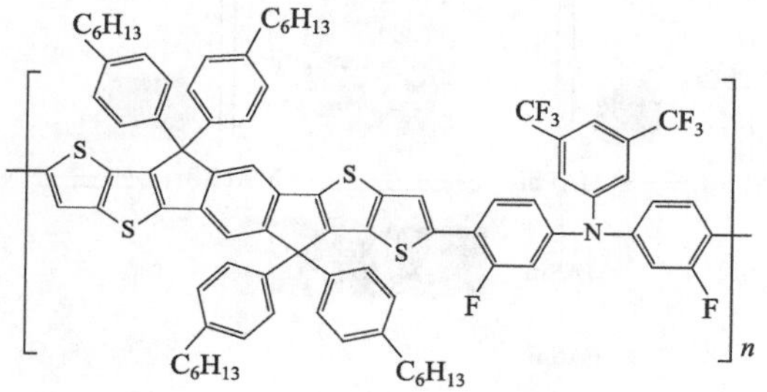

图 4-27　P6 的结构式

4.2.2.3 无机空穴传输材料

近年来，无机 HTM 具有成本低廉、导电性及稳定性好等优点。材料主要包括 CuSCN、CuI、NiO 以及碳材料等。其中，Cu 元素具有含量丰富、电导率高、易于加工等特点，因此 Cu 基 HTM 最先引起了人们的注意。迄今为止，尽管已经开发了一系列无机 HTM，但其在 PSCs 中应用进度仍然较为缓慢。这主要归因于无机 HTM 的加工溶剂对钙钛矿材料有一定的溶解性，而且无机 HTM 中的过渡金属也可能造成一些安全问题。

无机 PSCs 在过去 5 年中引起了人们的极大关注。应用了许多先进的技术，以提高 PSCs 的效率和稳定性，以实现商业的应用。全无机钙钛矿具有成本低、热稳定性好、高吸光系数、带隙可调、导电性和制备简单等优点。现今，PSCs 的最高 PCE 已达 19.03%，具有很好的发展潜力[43]。

迄今为止，尽管已经开发了一系列无机 HTM，但其在 PSCs 中应用进度仍然较为缓慢。这主要归因于无机 HTM 的加工溶剂对钙钛矿材料有一定的溶解性，而且无机 HTM 中的过渡金属也可能造成一些安全问题。与有机 HTM 相比，无机 P 型半导体材料显示出了作为廉价、高效的 HTM 的应用前景[44]。

$CsPbBr_3$ 是无机钙钛矿的代表材料之一，在高温高湿环境条件下具有良好的稳定性。以 $CsPbBr_3$ 为基础的 PSCs 的功率转换效率从 2015 年的 5.95%显著提高到 10.91%，在 80%相对湿度下储存超过 2000h，稳定性特别好。如图 4-28 所示，在 $CsPbBr_3$ 基础上进行薄膜材料改性的 PSCs 的优异性能在光电转换应用中也同样显示出巨大的潜力[45]。无机 HTM 因其具有成本低廉、导电性及稳定性好等优点而备受关注。

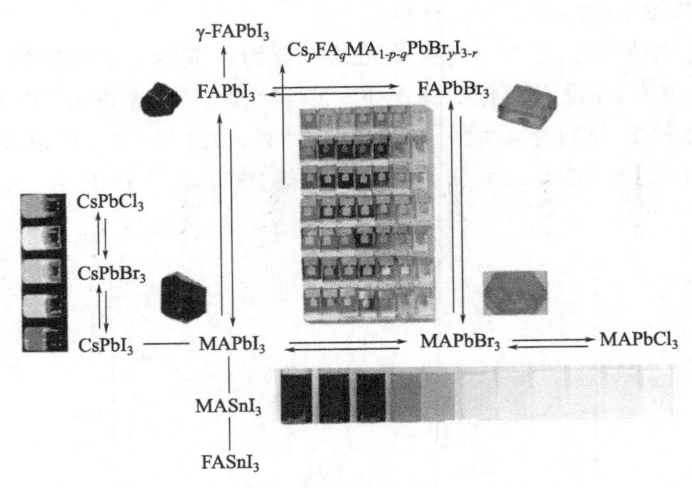

图 4-28 改变组成成分制备的钙钛矿薄膜[45]

(1) 金属氧化物空穴传输材料

因为具有材料价格便宜、工艺简单同时稳定性高的特点，而且可以有效地传输光生载流子，所以金属氧化物 NiO_x、MoO_x 等作为 HTM 也得到了一定的研究。金属氧化物 NiO_x、MoO_x 有望代替有机空物 HTM 制备出高性能 PSCs，原因主要有以下两个：第一，它们制备出的薄膜具备较高的透光性，并且基于此制备的钙钛矿太阳能的 PSCs 稳定性相较于有机物 HTL 明显地提高，在外界环境中具备较好的环境稳定性。第二，NiO_x 和 MoO_x 薄膜可以采用简单的制备工艺制备，并且它们的 HOMO 能级都与钙钛矿材料功函数很接近。

MoO_x 作为 HTM，器件效率相比其他无机材料较高，且具备一定的环境稳定性。氧化钼具有与钙钛矿光活性层相匹配的良好能级和优异的环境稳定性被引入作为钙钛矿太阳能的 HTL，因其具有宽带隙、良好的光学透明性、优异的化学稳定性和低成本受到科研人员的关注。

采用 NiO_x 作为 HTM 的生产器件效率相比其他无机材料较高，且具备一定的环境稳定性。但氧化镍薄膜的导电性差。可采取掺杂的方式对其进行改性，通过其他导电性强的物质（比如还原氧化石墨烯、金属离子等）进行掺杂，这样可在不影响其他良好性能的前提下提高薄膜的导电性。

掺杂石墨烯对氧化镍薄膜的透过率并无很大的影响，石墨烯的加入，使得薄膜更粗糙，对水的亲和也降低，接触角较大，减少了成核位点，有利于钙钛矿层大晶粒的生长[46]。

(2) 硫化物空穴传输材料

硫族化合物在近几年引起了关注。主要研究了 MoS_2 和 WS_2 作为 HTL 在

PSCs 中应用[47]。

二硫化钼（MoS_2）是如今应用最广泛的过渡金属硫族化合物。Mo-S 之间为共价键，具有相对稳定，作用力较强的优点，所以 MoS_2 层相对比较稳定，使得 MoS_2 能够在各类功能器件中达到应用标准。表明了 MoS_2 在 PSCs 中的应用前景不可限量。用 1mg/mL 的 MoS_2 的 HTL 制备的 PSCs 的钙钛矿吸收层可以吸收较多的太阳光，有更多的光生载流子产生，最终器件的性能有所提升[48]。

二硫化钨（WS_2）是典型的过渡金属硫族化合物。W-S 之间也是通过共价键连接的，由于 WS_2 的性质，在可见光区域内，也可以有优异的吸光性，能达到 PSCs 对空穴传输功能材料的要求，并且具有独特的优势。厚度为 1nm 的 WS_2 具有最佳的器件性能。

4.2.2.4 复合空穴传输材料

目前，主要通过改善电池结构、使用新材料或新的电池排列来改进 PSCs 的性能。Neda Irannejad[49]介绍了一种无滞后的平面 PSC，HTL 由 P_3HT/CuSCN 双层组成。适当调整 HTL 的浓度和厚度，导致 HTL 均匀致密。该方法不仅消除了光电流的迟滞现象，而且功率转换效率超过 15.3%。采用 P_3HT/CuSCN 双层策略，显著提高了 PSCs 的寿命和稳定性。该装置在环境条件下持续热应力 100h 后保持了其初始效率的 80%以上。

采用聚合物/无机双层作为 HTL 的 PSCs 的性能和耐久性主要是由于抑制了钙钛矿离子、金属和卤化物的迁移，所以，界面在钙钛矿-添加剂 HTM 中可以发挥关键作用。

4.3 光吸收层

在 PSCs 的多层结构中，最重要的一层是钙钛矿光吸收层（也称光敏层），它的主要功能是吸收阳光，产生电子空穴对，并能够有效地传送电子空穴对。近些年该领域的研究集中在制备新型光敏材料及对纳米薄膜的合理管控上，不仅能够提高 PSCs 的效率，同时还能有效地提高其稳定性。本部分将介绍光吸收层薄膜的制备方法以及几种研究最多的新型钙钛矿光吸收层材料。

4.3.1 光吸收层的制备方法

钙钛矿太阳能电池光敏层薄膜的均一性和致密性会显著影响器件的光电转换效率以及电池的稳定性，因此，近年来研究人员尝试用多种不同的方法制备光敏层薄膜。以 $CH_3NH_3PbI_3$ 为例，介绍几种主要的制备钙钛矿太阳能电池光吸收层薄膜的方法。

(1) 液相法

液相法包括一步法和两步法。

① 一步法　一步法指的是采用一次性沉积前驱体溶液，进行退火处理，最后在上方沉积一层空穴传输材料来制备光敏层薄膜的方法。一步法实际操作简单、低成本，是应用较为普遍的光敏层薄膜沉积方式。前驱体溶液的制备方式是在极性溶剂（DMSO、DMF、DMAC、GBL 等）里将有机化学成分 CH_3NH_3I 和无机成分 PbI_2 粉末按照一定摩尔比混合，在高温环境下放置一段时间，通过隔热保温的方式可以获得澄清的前驱体溶液。在一步法制备光敏层薄膜的过程中，可以通过调整某些参数，比如通过调节前驱体溶液的浓度、改变溶剂的种类、制备不同厚度的光敏层薄膜、升高溶液退火温度等来优化器件的光电性能。

李建阳[50]在一步法的基础上通过采用滴旋处理的方法优化光敏层薄膜的制备工艺，实现了在低温条件下制备具有大晶粒表面平整连续的光敏层薄膜。通过该方法制备的PSCs效率达到了19.2%，并且稳定性得到提高。

② 两步法　两步法是将 DMF 溶液最先旋涂沉积到纳米多孔的 TiO_2 薄膜上，淬火一段时间后，再将其渗入到异丙醇溶液内或者将无水异丙醇溶液旋涂在 PbI_2 层之上，之后 PbI_2 与 CH_3NH_3I 产生反应在 TiO_2 层上生成光敏层薄膜。经过干燥以后，再将 Spiro-OMe TAD 旋涂沉积到光敏层薄膜上。通过这种技术得到的 PSCs，其转化效率达到了 15%[51]。

李明华[52]通过氯苯反溶剂处理制备了具有均匀致密无孔洞的光敏层薄膜，并提高了光敏层的吸光性和结晶性。PSCs 的转化效率达到了 16.09%。

(2) 气相法

气相法是指在真空条件下利用气相沉积制备得到光敏层。气相法又分为双源蒸发技术、蒸汽辅助溶液法、气固相反应。其中，双源蒸发技术是在高真空条件下同时加热蒸发 CH_3NH_3I 晶体和 PbI_2 晶体，将它们都充分沉积到 TiO_2 骨架层上产生相互反应形成光敏层薄膜。

蒸气辅助溶液法是先在基板上生成无机 PbI_2 薄膜，再在上面沉积有机的 CH_3NH_3I 蒸气来制备光敏层薄膜。陈海彬[53]结合蒸气辅助法，用 DMSO 气体短时间修饰 PbI_2 薄膜表面制备高质量光敏层薄膜。当 DMSO 优化时间为 10s 时，PSCs 的转化效率达到 18.43%。

(3) 旋涂法

旋涂法又称旋转涂抹法，包括滴加溶液、高速旋转、挥发成膜三个步骤，根据滴加溶液的方式不同，又分为静态旋涂和动态旋涂。

为提高光敏层薄膜的质量，在旋涂法的基础上，选用了溶剂诱导快速结晶的办法，结晶速率显著提升，制得了高质量的光敏层薄膜。另外，在旋涂光敏层薄膜的过程中不断滴入甲苯，也制得了高质量的光敏层薄膜。李亮[54]采用“晶种法”来改进光敏层材料的生长工艺，并进一步提升其光电转化效率。加入晶种，反应变得更加充分，残余 PbI_2 的含量降低，方便调节薄膜的带隙。此时 PSCs 的转换效率达到了21.5%。

典型的光敏层结构为 ABX_3。A 在立方晶胞的体心，为+2 价的金属阳离子（Pb^{2+}、Sn^{2+}、Ge^{2+}等）；B 在晶胞立方体的顶点，为+1 价阳离子［有机离子 $CH_3NH_3^+$、$HC(NH_2)_2^+$或无机离子 Cs^+］；X 位于晶胞立方体棱心，为−1 价卤素离子（Cl^-、Br^-、I^-）。依据 B 位置的成分不同，可将光敏层材料分为有机-无机杂化光敏层和无机光敏层。

4.3.2 单一卤素光吸收层

在 ABX_3 结构中，A 为无机金属离子 Pb^{2+}、Sn^{2+}、Ge^{2+} 等，B 为有机阳离子 $CH_3NH_3^+$、$HC(NH_2)_2^+$等构成的光敏层材料称之为有机-无机杂化光敏层材料，由此光敏层组成的电池称为有机-无机杂化 PSCs。有机-无机杂化光敏层材料，它同时具备有机成分和无机成分的优点，具有很高的可协调性，有很好的应用前景。尤其是 $CH_3NH_3PbX_3$ 和 $HC(NH_2)_2PbX_3$ 型光敏层材料，凭着其出色的光捕捉能力和载流子传输特点引起了 PSCs 的科学研究风潮。

在 ABX_3 结构中，A 位置的金属离子为 Pb^{2+} 的光敏层材料称为铅基光敏层材料，因铅具有良好的稳定性使铅基光敏层材料广泛应用于 PSCs 中。在 ABX_3 结构中，当 X 位置为单一的卤素离子 I^- 或 Br^- 时，此时的光敏层材料为单一卤素光敏层。

甲胺碘化铅 $CH_3NH_3PbI_3$ 是有机-无机杂化钙光敏层材料中最开始被研究的，也是研究得最为深入的。它是一种具备直接带隙的半导体吸光材料，其带隙为1.55eV，400～800nm 的光吸收范围覆盖整个可见光区域，而且吸收系数较大，具有极强的光捕捉工作能力，表现出优良的光电转换性能。但是，$CH_3NH_3PbI_3$ 也存在缺点，$CH_3NH_3PbI_3$ 具有环境不稳定（包括水分、热和电场下的不稳定性）[55]。

占锐[56]利用逆温结晶法制备 $CH_3NH_3PbX_3$（X=Br^- 或 I^-）。加上当代测试方式对所生成的光敏层材料展开了定性分析。科学研究结果显示，制备的 $CH_3NH_3PbX_3$ 单晶相纯度高，其带隙比相应的多晶薄膜材料要低，且材料在230℃开始分解。用 $HC(NH_2)_2^+$替代 B 位元素 $CH_3NH_3^+$时，得到甲脒碘化铅 $HC(NH_2)_2PbI_3$（简称：$FAPbI_3$），带隙为1.48eV，有较宽的光吸收范围，在红外光区有更强的吸收强度。但是在室温下 $HC(NH_2)_2PbI_3$ 容易由黑色 α 相的钙钛矿结构变为黄色 β 相的非钙钛矿结构，稳定性较差，所以 $FAPbI_3$ 光敏层材料还没有广泛应用在太阳能电池中。

吴雅罕等[57]通过原位生长的方法将二维（2D）的 $EDAPbI_4$ 层成功制备在三维（3D）的 $FAPbI_3$ 层表面。这种设计的2D-3D光敏层结构可以增强稳定性，其光电转换效率为17.96%，在200h内一直保持初始转换效率，甚至在500h后仍能保持其初始转化效率的90%。

用 Br^- 替代X位 I^- 时，得到甲胺溴化铅 $CH_3NH_3PbBr_3$，其带隙为2.2eV，因为导带部位的提升，合理提升了器件的开路电压，但减少了可见光吸收范畴，截止波长为550nm，使短路电流大幅度降低。

在 ABX_3 结构中，A位置为无机金属离子 Pb^{2+}、Sn^{2+}、Ge^{2+} 等，B位置为无机阳离子 Cs^+ 组成的光敏层材料称作无机光敏层材料，由此光敏层组成的电池称为无机PSCs。尽管有机-无机杂化光敏层材料的效率得到发展，但是其稳定性较差，热稳定性更是引起人们的担忧。热稳定性差的主要原因在于其有机阳离子组分容易受热分解挥发，造成光敏层结构的破坏，因此使用无机阳离子 Cs^+ 构造无机光敏层有望从根本上解决热稳定性问题，基于 $CsPbX_3$ 体系的无机PSCs得到广泛发展。

在 $CsPbX_3$ 中，$CsPbI_3$ 具备较窄的带隙，带隙为1.73eV，适合制备PSCs的光敏层。$CsPbI_3$ 的相变转化温度为310℃，在高温下是稳定的黑色α相，热稳定性较好。但是若在室温下特别是潮湿空气中，黑色α相很快会转变成不具备光学活性的黄色β相。因此为实现 $CsPbI_3$ 在器件上的高效应用需要解决两个关键性的问题：首先是制备在空气中不易转化的稳定黑色α相，其次是制备尺寸均一厚度均匀的 $CsPbI_3$ 光敏层薄膜。

Snaith小组[58]通过在前驱体溶液中加入HI的方法，将 $CsPbI_3$ 的相变温度降低到了100℃，HI的加入使得 $CsPbI_3$ 的晶粒尺寸变小，从而在低温下获得了稳定的黑色α相，在一定程度上提升了其稳定性。此外，用该方法制备的 $CsPbI_3$ 薄膜具有很高的稳定性，不管是在惰性气体中时还是在室温环境下都能表现出其优秀性能。此时 $CsPbI_3$ 的效率超过2%。通过制备 $CsPbI_3$ 量子点材料来提高其纯度，使 $CsPbI_3$ 的稳定性进一步提高，在空气中或低温环境下黑色α相仍然不会轻易转化，此时转换效率达到了10.77%。首次提出2D-3D混合光敏层材料，即在3D结构的中引入2D结构的 $EDAPbI_4$ 光敏层材料，2D-3D混合的光敏层薄膜不仅能够提高 $CsPbI_3$ 黑色α相的稳定性，还能避免黑色α相转化为不具备光学性质的黄色β相，且制得的α-$CsPbI_3$ 的稳定性极高，在室温环境下α-$CsPbI_3$ 能够稳定保持数月以上，在100℃下α-$CsPbI_3$ 也可稳定保持一周以上的时间。通过此法制备的PSCs转换效率达11.86%，创造出当时溶液法制备无机PSCs的最大效率。

$CsPbI_3$ 在荧光量子效率、尺寸可调带隙、高透过性和稳定性方面表现出优越的性能，使得 $CsPbI_3$ 作为光敏材料在 PSCs 中的应用具有非常良好的前景。

用 Br^- 取代 I^- 所形成的 $CsPbBr_3$ 光敏层材料的带隙为 2.3eV，吸收范围较小。但是 $CsPbBr_3$ 是在空气湿度下最稳定的无机光敏层材料，尽管其光电转换效率仅为 4.09%[59]，比 $CsPbI_3$ 的转化效率低很多，但是其较高的稳定性对无机光敏层材料的研究有很大帮助，后续 $CsPbBr_3$ 的研究应主要集中在光电性能提升的方面。

陈婷等[60]通过一步法制备了 $CsPbBr_3$ 光敏层材料，利用 X 射线衍射仪、电子显微镜、分光光度计以及荧光光谱仪系统研究了反应所需的温度、显微形貌和光学特性等。结果显示，反应温度与荧光强度呈正比例关系，荧光强度随着反应温度的升高而升高；在 120℃时，$CsPbBr_3$ 的吸光性能表现最佳；同时，反应温度的升高也促进 $CsPbBr_3$ 晶体的生长，其晶体粒径由原来的 22nm 增加到了 25nm。

4.3.3 混合卤素光吸收层

在 ABX_3 结构中，当 X 位置为混合卤素 Cl/I 或 Br/I 时，此时的光敏层材料为混合卤素光敏层，如 $CH_3NH_3PbI_2Cl$、$CH_3NH_3PbI_2Br$ 等。

$CH_3NH_3PbI_3$ 光敏层材料的载流子扩散长度大约为 100nm，Stranks 等[61]发现将部分的 Cl^- 替换 I^- 后的 $CH_3NH_3PbI_2Cl$ 光敏层材料的载流子扩散长度可以达到 1μm 以上，并且他们通过改变前驱体溶液浓度制备得到的钙钛矿器件可以达到 20.8mA/cm^2[62]的电流密度。Br/I 混合的光敏层材料为 $CH_3NH_3PbI_2Br$，与 Br^- 彻底替代 I^- 的光敏层材料对比，运用 Br^- 掺杂得到的光敏层 $CH_3NH_3PbI_2Br$ 可以合理提升器件的效率[63]。Yang 等[64]应用 $CH_3NH_3PbI_2Br$ 光敏层材料，使用一维 TiO_2 纳米线阵列的全固态混合太阳能电池的效率为 4.87%，并得出 $CH_3NH_3PbI_2Br$ 比纯的 $CH_3NH_3PbI_3$ 的光电转换效率高约 20%。

在 ABX_3 结构中，当 X 位置为混合卤素 Br/I 时，此时的光敏层材料为混合卤素光敏层。常见的混合卤素光敏层是 Br^- 掺杂在 $CsPbI_3$ 中得到的，根据 Br^- 取代 I^- 的个数不同，有 $CsPbIBr_2$ 和 $CsPbI_2Br$ 两种情况。

当只有一个 Br^- 取代 I^- 时，得到的是 $CsPbI_2Br$ 光敏层薄膜，有 1.92eV 的禁带宽度，可以吸收小于 650nm 的太阳光[65]。$CsPbI_2Br$ 的稳定性介于 $CsPbI_3$ 和 $CsPbBr_3$ 之间，既不会像 $CsPbI_3$ 一样不稳定，即使在室温环境中也会发生相变，从钙钛矿结构的黑色 α 相变为非钛矿结构的黄色 β 相；也没有同 $CsPbBr_3$ 一样稳定，在潮湿的环境中，$CsPbI_2Br$ 依旧容易发生相变，从黑色 α 相变为黄色 β 相。Nam 等[66]研究发现 $CsPbI_2Br$ 退火温度对 $CsPbI_2Br$ 光敏层薄膜的稳定性影响很大，在 280℃的退火温度时，其制备的 $CsPbI_2Br$ 光敏层薄膜尺寸均一，厚度均匀，光敏层薄膜质量最好。

当有两个 Br^- 取代 I^- 时，得到的是 $CsPbIBr_2$ 光敏层薄膜，有 2.05eV 的禁带宽度，可以吸收小于 600nm 的太阳光，吸收范围更小，因此器件的光电转换效率很低。但是 $CsPbIBr_2$ 的稳定性要比 $CsPbI_2Br$ 和 $CsPbI_3$ 的稳定性好，比 $CsPbBr_3$ 的稳定性差，因此在后续的研究中可以在保持钙钛矿光敏层材料稳定性的基础上优化器件的光电转化性能。

4.3.4 非铅基光吸收层

在 ABX_3 结构中，A 位置的金属离子为 Sn^{2+}、Ge^{2+} 等替代 Pb^{2+} 的光敏层材料称为非铅基光敏层材料。尽管铅基光敏层材料具有良好的光电性能，但是铅基 PSCs 的热力学稳定性差且铅是有毒重金属，广泛使用会对人体造成伤害并严重破坏自然环境。为了实现 PSCs 的绿色环保，可以将 Pb^{2+} 替换成其他无毒元素。

(1) 锡基光敏层

Sn 和 Pb 是同一族元素，二者具有相似性，如离子半径、电子排布等。用 Sn^{2+} 代替 Pb^{2+} 制备得到了光敏层材料甲胺碘化锡（$CH_3NH_3SnI_3$），带隙在 1.2～1.4eV 之间，十分贴近理想光敏层的带隙值。此外 $CH_3NH_3SnI_3$ 低毒，成为替代铅基光敏层的最可行材料之一。但由于 Sn^{2+} 不稳定，极易被氧化成 Sn^{4+}，使其带有金属导体性质，而降低其光伏性能，因此目前得到的锡基 PSCs 的转化效率还不是很高，并且自身不稳定导致重复性较差。

在 ABX_3 结构中，A 位置的金属离子由 Sn^{2+} 替代 Pb^{2+} 的光敏层材料称为锡基光敏层材料。由于铅基 PSCs 具有毒性，对人体有害且会造成环境问题，因此作为一种非铅基的无机光敏层材料 Cs_2SnI_6 被提了出来。曹丙强团队[67]制备的 Cs_2SnI_6 非铅基无机 PSCs，其带隙为 1.48eV，可以吸收小于 850nm 的太阳光，吸收范围较大，在空气中 Cs_2SnI_6 稳定性较好。当薄膜厚度为 300nm 时，Cs_2SnI_6 的转换效率达到了 1%。

经过发展，Cs_2SnI_6 的光电转换效率由最初的 1%增长到现在的 8.5%，使之成为有可能替代铅基 PSCs 的新型太阳能电池。但相对于铅基 PSCs 的效率还相差较大，有很大的提升空间。

卢辉东等[68]研究了 Cs_2SnI_6 的晶体结构、电子结构以及光学性质，基于密度泛函理论的第一性原理，利用 PBE 和 HSE06 两种计算方式对 Cs_2SnI_6 进行理论计算，计算得出 PSCs 的光电转化效率理论上可以达到 26.1%。这为后续研究无机非铅基的 PSCs 的转化效率提供了理论依据。

(2) 锗基光敏层

锗基光敏层材料也作为铅基的替代品被广泛研究，但是锗基 PSCs 的带隙约为 1.6～2.2eV，这要大于铅基 PSCs 的带隙，这就使得锗基的吸收光谱会发生蓝移，进而对光谱的利用率会大大降低。同时 Ge^{2+} 比 Pb^{2+} 和 Sn^{2+} 更容易被氧化成 Ge^{4+}，使其光伏性能更低。目前 $CH_3NH_3GeI_3$ 的器件效率仅达到了 3%，因而锗基 PSCs 在提高效率和可靠性层面仍存有很大的科学研究空间。

在 ABX_3 结构中，A 位置的金属离子由 Ge^{2+} 替代 Pb^{2+} 的光敏层材料称为锗基光敏层材料。$CsGeI_3$ 的带隙为 1.63eV，可以吸收小于 750nm 的太阳光。$CsGeI_3$ 中，Ge^{2+} 不稳定，在空气中，Ge^{2+} 易被氧化成 Ge^{4+}，这就导致 $CsGeI_3$ 的稳定性较差，且器件的转化效率也比较低。与有机-无机杂化锗基光敏层 $CH_3NH_3GeI_3$ 的转化效率相比，$CsGeI_3$ 的光电转换效率更是低到 0.11%。但是 $CsGeI_3$ 的带隙与传统 $CH_3NH_3PbI_3$ 的带隙接近，说明这类材料具有很好的前景，后续研究中应着重解决 $CsGeI_3$ 的稳定性差的问题进而提高器件的转换效率。

(3) 铋基光敏层

铋基光敏层材料也可替代铅基应用于 PSCs 中，Bi 是 +3 价的金属离子，因此制备得到的光敏层材料为 $(CH_3NH_3)_3Bi_2I_9$，2.2eV 的禁带宽度较大，其光电转换效率比较低，但是 $(CH_3NH_3)_3Bi_2I_9$ 稳定性比 $CH_3NH_3PbI_3$ 稳定性好且无毒，因此，$(CH_3NH_3)_3Bi_2I_9$ 作为非铅基光敏层材料有很大潜力。

刘洋[69]采用反向温度结晶法制备的 $(CH_3NH_3)_3Bi_2I_9$ 是具有金属光泽的红色晶体，且是纯净的单相结构，禁带宽度约为 1.96eV，吸收波长为 650nm。陈苗苗[70]分别采用氯苯、乙醚两种反溶剂合成了高质量的 $(CH_3NH_3)_3Bi_2I_9$ 光敏层薄膜，通过测试，其光电转化效率最高达到 0.343%。

在 ABX_3 结构中，A 位置的金属离子由 Bi^{3+} 替代 Pb^{2+} 的光敏层材料称为铋基光敏层材料。$Cs_3Bi_2I_9$ 的带隙为 2.1eV，具有 650nm 的吸收波长，得到的器件转换效率为 1.09%。虽然 $Cs_3Bi_2I_9$ 效率较低，但是 $Cs_3Bi_2I_9$ 在干燥环境中放置一段时间，经测试其效率基本不变，充分表现其稳定性。刘洋等采用底部籽晶结晶法制备 $Cs_3Bi_2I_9$，得出 $Cs_3Bi_2I_9$ 在 100℃时的生长温度环境下效率最佳，最合适的溶剂为 DMSO，利用该方法得到大尺寸的 $Cs_3Bi_2I_9$ 单晶操作简单。

4.4 应用实例

4.4.1 实例 1——不同形貌的电子传输层材料在钙钛矿电池中的应用

在众多报道研究的电子传输层材料中，TiO_2 具有能级结构适合，合成方便、环境友好和电子寿命较长等优点，仍然是高效钙钛矿太阳能电池使用最多的电子传输材料之一。而且当前最高效率纪录的钙钛矿太阳能电池仍然是以 TiO_2 为电子传输材料的介孔结构电池。尽管如此，TiO_2 材料自身仍有许多性能不足，比如：电子迁移率低、捕获态密度高和些许的能级不匹配等，给钙钛矿太阳能电池的光电转化效率、稳定性等带来了许多不利的影响，存在效率滞后等现象。因此对空白 TiO_2 的修饰、改性和优化是一个非常重要的工作，过去在染料敏化太阳能电池研究中已有大量的报道，且近年来在钙钛矿太阳能电池中也有不少研究成果。一些其他方面工作也很好地提高了电池性能，如：金属或非金属元素掺杂（Al、Mg 等）、形貌和晶型的控制（纳米管、金红石相等）以及表面修饰（Li 盐或者离子液体）等。

介孔结构钙钛矿太阳能电池主要源于染料敏化太阳能电池，事实上 Kojima 等人报道的第一块钙钛矿太阳能电池的结构也等同于介孔结构的钙钛矿太阳能电池，电池主要是在导电玻璃基底上沉积一层很薄的 TiO_2 纳米晶颗粒介孔薄膜，起到支架和传输电子的作用。钙钛矿薄膜不仅敏化 TiO_2 纳米晶，同时在介孔层 TiO_2 纳米晶颗粒上面形成一定厚度的帽层。由于钙钛矿太阳能电池内部钙钛矿光吸收材料与 TiO_2 介孔电子传输材料更充分地接触，导致介孔结构更有利于光生电子在钙钛矿太阳能电池内部的分离、提取和传输，因此目前高效的钙钛矿太阳能电池主要采用介孔结构，而且这种结构的电池可以有效地减少电池效率测试过程中的滞后现象。本实例主要从合成不同形貌的 TiO_2 介孔电子传输层着手，将材料应用于钙钛矿太阳能电池中。

4.4.1.1 TiO_2 颗粒的合成及性能表征

电子传输层材料其颗粒的尺寸分布、比表面积、孔结构、表面特性、价带结构等都会对电池的光电性能产生影响，通常采用扫描电镜（图 4-29）、比表面吸-脱附曲线、BJH 孔分布曲线等测试手段进行表征。

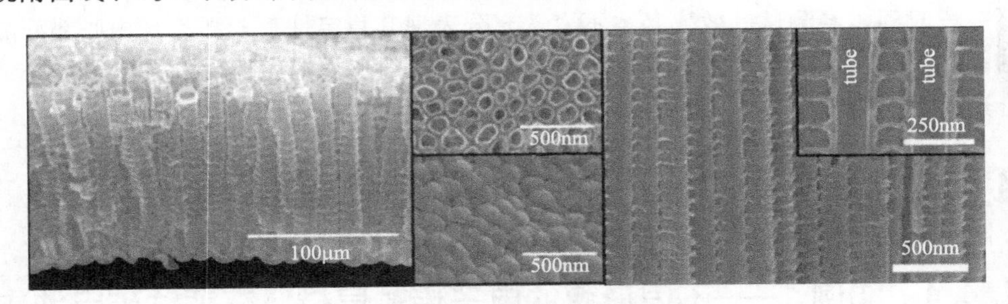

图 4-29 TiO_2 纳米管典型 SEM 图

（1）纳米 TiO_2 颗粒的表征及工艺优化

尺寸进入纳米量级（1～100nm）的超微粒子在不同条件下，呈现量子尺寸效应、小尺寸效应、表面效应和宏观量子隧道效应，进而影响到物质的性能和结构。与普通材料相比，由纳米颗粒制成的材料在机械强度、磁、光、声、热等方面表现出优异的性能，因此在催化、滤光、光吸收、医药、磁介质及新材料等方面有广阔的应用前景。

如图 4-30 所示，可以看出定向的一维材料的电子路径具有明显的定向性，并且其传输路径要比纳米粒子短得多而复合的发生概率更低。

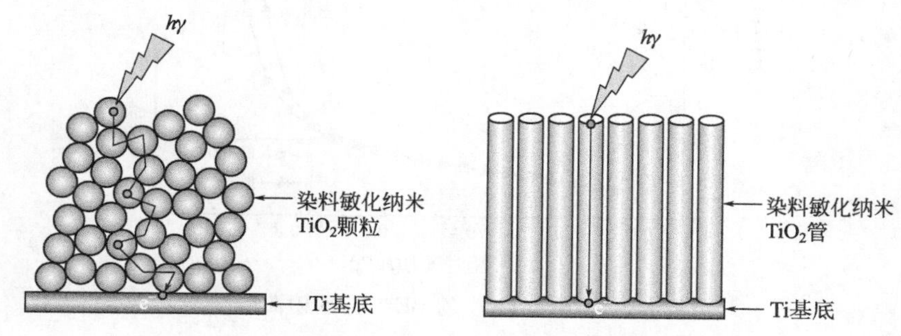

图 4-30　纳米粒子和纳米管结构 TiO_2 的电子路径示意图

本例利用水热法合成了 TiO_2 浆料，煅烧后即得粒径为 20nm 的纳米 TiO_2，图 4-31 为纳米 TiO_2 的 XRD 谱图，通过与标准谱图（PDF 卡片号：anatase 01-0562；rutile 03-1122）对照可知，制备的纳米 TiO_2 为纯锐钛矿型。图 4-32 中纳米 TiO_2 的 BET 吸附脱附等温线显示：BET 吸脱附等温回线的回滞环为典型的 H1 型。H1 型吸脱附回滞环通常出现在孔径分布较窄的介孔材料和尺寸较均匀的球形颗粒的样品中。说明水热法制备的纳米 TiO_2 粒子具有孔道结构，孔道形状为两端开口的毛细孔，且孔径分布均匀。P/P_O 从 0～0.5 为孔道内壁发生的单分子和多分子层之间的吸附；当压力增大到 $P/P_O=0.5\sim1.0$，由于毛细收缩效应，孔道逐渐被吸附介质所填充。根据得到的数据计算可知，比表面积为 $88.2m^2/g$。

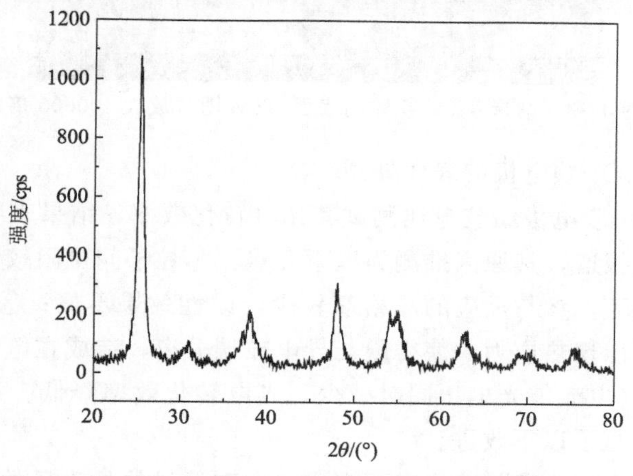

图 4-31　水热法制备的纳米 TiO_2 的 XRD 谱图

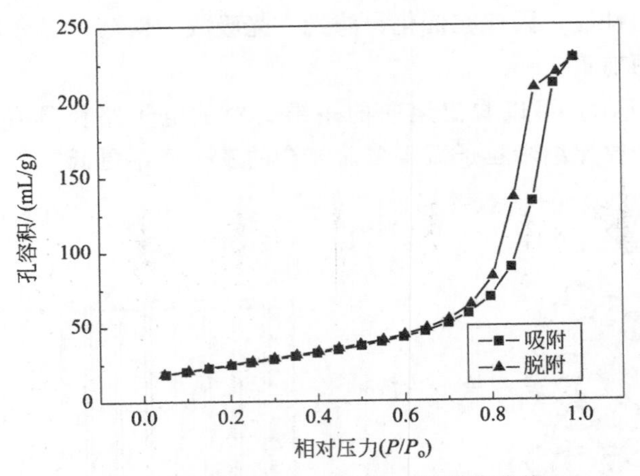

图 4-32 纳米 TiO_2 的 BET 吸-脱附曲线

图 4-33 所示的是纳米 TiO_2 的表面扫描电镜（SEM）图，从图中可以看出，水热合成的纳米粉粒径主要在 10～50nm 之间。

图 4-33 纳米 TiO_2 粉体的表面 SEM 图（放大 100000 倍）

(2) 纳米 TiO_2 膜电极的表面处理

根据对 TiO_2 膜电极组装电池测试其光电转化效率，结果表明，光电转化效率远远低于文献报道，其原因推测为以下几点：①粒子间位阻较大，不利于电子的传输；②膜层薄，参与反应的晶格氧较少，改性效果不好；③经过热处理后，膜片与基底之间出现热应力，使得膜与导电玻璃分离，造成在电子传输的过程中发生“虚连”，光电流、光电压同时减少，光电转化效率降低。为此，研究中对膜片涂敷工艺进行了以下改进。

通过对纳米 TiO_2 膜电极的表面观察，发现经过热处理后的纳米 TiO_2 膜表面出现了许多的微小裂纹，裂纹之间纵横交错，随机分布没有规律［图 4-34

(a)］。分析认为，膜电极表面上存在的裂纹会产生纳米 TiO_2 膜表面上的断层，影响光生载流子在电极表面的传输性能，从而影响太阳能电池体系的光电转化性能，因此需要对其进行表面修饰，将纳米 TiO_2 膜电极的表面裂纹弥合，使得光生载流子的传输畅通，同时也会增加膜电极的比表面积，增大光敏层在其表面的吸附量，这都可能使太阳能电池体系的光电性能得以提高。实验将烧结后的 TiO_2 膜再经 $TiCl_4$ 溶液处理后再烧结，这种化学方法后处理的工艺能够改善膜电极的表面裂纹状况［图 4-34（b）］。

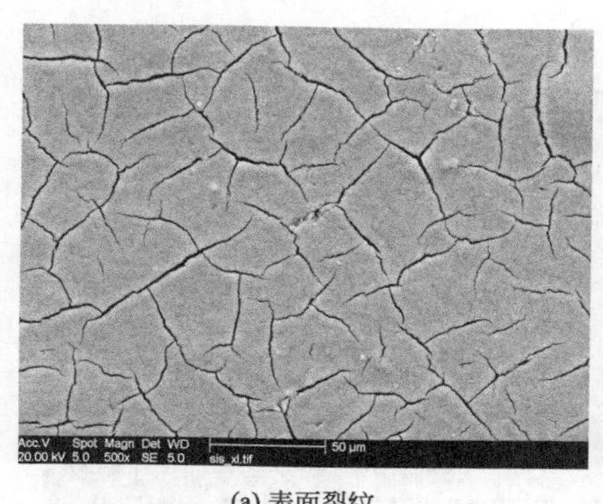

(a) 表面裂纹

(b) $TiCl_4$溶液处理后的TiO_2膜电极

图 4-34　TiO_2 膜电极表面 SEM 图

经过前期对实验条件的摸索，发现膜表面不平整，且与基片结合不是十分牢固［图 4-35（a）］，因此在 TiO_2 膜电极上进行了表面修饰研究。研究尝试了用高分子表面活性剂——聚乙二醇来防止 TiO_2 纳米颗粒的团聚及提高 TiO_2 颗粒的孔洞率。调节高分子表面活性剂的分子量（PEG600，PEG2000，PEG20000）、用量（5%，10%，20%，30%），添加 20%的 PEG20000，能够制备出在导电玻璃上的附着性较好、表面较为平整的 TiO_2 膜电极［图 4-35（b）］。

(a) 未经处理的TiO_2膜电极截面

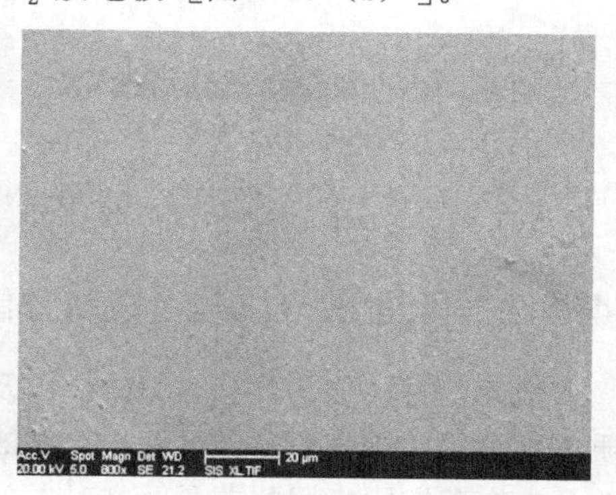

(b) 聚乙二醇20000处理后的TiO_2膜电极表面

图 4-35　TiO_2 膜电极 SEM 图

(3) 丝网印刷法对纳米 TiO_2 膜电极厚度的调控

宏观上观察得到的膜，表面平整，且与基片结合牢固。用扫描电镜观察其断面［图 4-36（a）］，观察到膜的厚度为 2μm 左右，而太阳能电池所用的 TiO_2 薄膜厚度为 8～12μm，这离要求相差很远。如果沉积到导电玻璃上的 TiO_2 薄膜厚度过小［图 4-36（b）］，太阳光能量吸收不完全，光电转化效率不高；厚度过大［图 4-36（d）］，光敏层没有光照激发不能产生电子，膜也容易发生脱落。因此实验通过“丝网印刷”技术进行“多层涂覆”，调节薄膜厚度约为 10μm，得到光电性能优异的 TiO_2 膜［图 4-36（c）］。

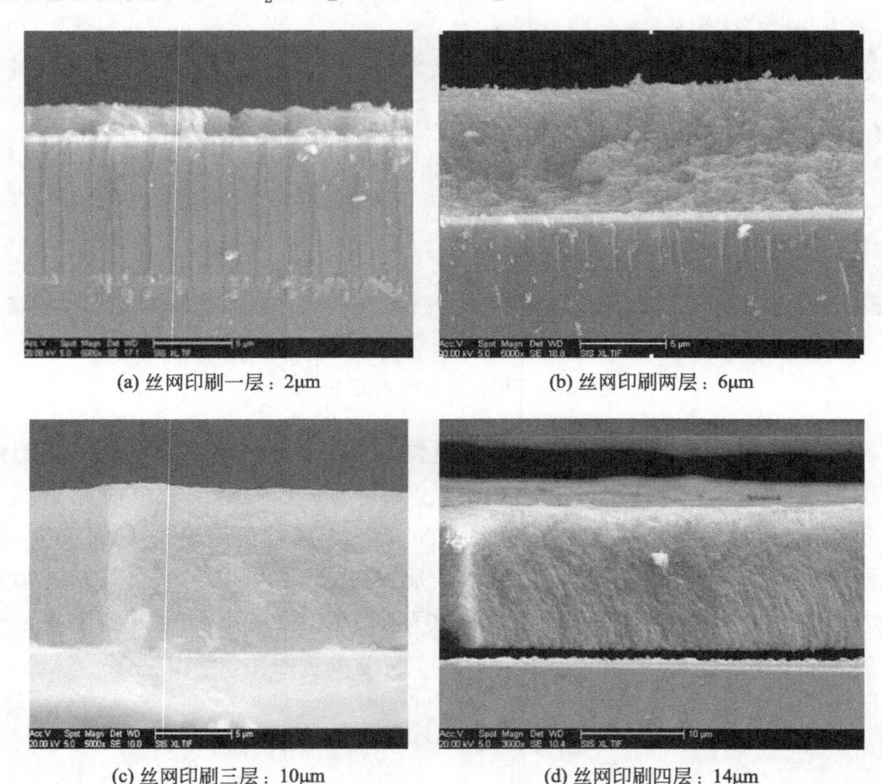

(a) 丝网印刷一层：2μm　(b) 丝网印刷两层：6μm

(c) 丝网印刷三层：10μm　(d) 丝网印刷四层：14μm

图 4-36　不同厚度的薄膜 SEM 截面图

4.4.1.2　TiO_2 纳米线的合成及性能表征

一维纳米材料由于具有表面效应以及量子束缚效应，因此在光学性质、电学性质中比大尺寸相应的材料显示出更好的性能，在未来纳米电子和光子器件的构筑单元中有着实际应用的前景。在过去的十多年中，研究者们发展了许多成功的制备方法，根据制备材料的状态来分，准一维纳米材料的制备可以分为三大类：

气相法、液相法和模板法。其中，气相法又派生出一些为人们所知的纳米线制备技术方法，因此成为制备纳米线的研究重点。物理方法有热蒸发、激光烧蚀法等；化学方法有化学气相沉积、化学气相传输法以及金属有机化合物气相外延法等。从20世纪90年代至今，通过上述方法，各种材料体系的一维纳米材料相继被成功合成出来。但是，要想实现一维纳米材料的应用必须可控制备一维纳米结构，而目前这方面的工作仍面临着很大的挑战。这里可控是指合成制备一维纳米材料时，对其形貌、生长方向、生长位置、结构以及成分等方面的控制。实验通过自行设计的反应装置，可控制备出了定向生长的纳米线，提出了相应的生长机制，并对其表面形貌及光电性能进行了研究。

（1）纳米线的相组成分析

在400℃，0.6MPa，12h反应条件下用NH_3进行氮掺杂改性，制备得到纳米线结构的纳米材料。图4-37为纳米TiO_2掺氮前后薄膜样品的XRD图。对比SnO_2和锐钛矿TiO_2标准谱图（JCPDS No.18282-10-5），图中标出了锐钛矿(101)，(103)，(200)，(105)晶面指数和FTO导电玻璃基底的SnO_2晶面指数。主衍射峰显示薄膜改性前后均为锐钛矿结构，而在改性后$2\theta=37.88°$处的衍射峰衍射强度增强，是由于TiO_xN_y纳米线阵列沿［103］方向的定向生长导致衍射强度增强；衍射峰强度大，宽度小，说明产物纯度高，结晶程度好。

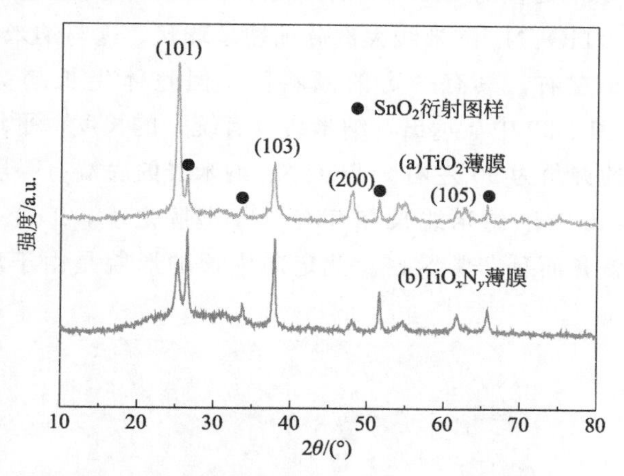

图4-37 TiO_xN_y纳米线和TiO_2薄膜的XRD图谱

（2）纳米线的表面形貌分析

在探索气-固强制掺氮TiO_2薄膜工艺中得到沿［103］方向择优生长的一维TiO_xN_y纳米线，并对其生长条件进行探索。通过扫描电镜、透射电镜、原子力显微镜观察纳米线的定向生长方向、相结构、形态以及分布等微观结构信息。

1）扫描电镜图

图4-38所示的为TiO_xN_y纳米颗粒和纳米线倾斜45°的侧面扫描电镜图。从

图 4-38（a）中可以看出，所得薄膜比较致密，氮掺杂粉体外观上呈球形，尺寸已达到纳米级，分布均匀，具有较小的晶粒尺寸，范围在 10～50nm 变化（这与 XRD 计算出的晶粒大小的值吻合），颗粒均一，颗粒之间有 10nm 左右的少量的孔，并无纳米线生成。图 4-38（b）是经氨气处理的 TiO_xN_y 纳米线阵列的正面扫描电子显微镜的照片，从图中可以看出有纳米线生成。

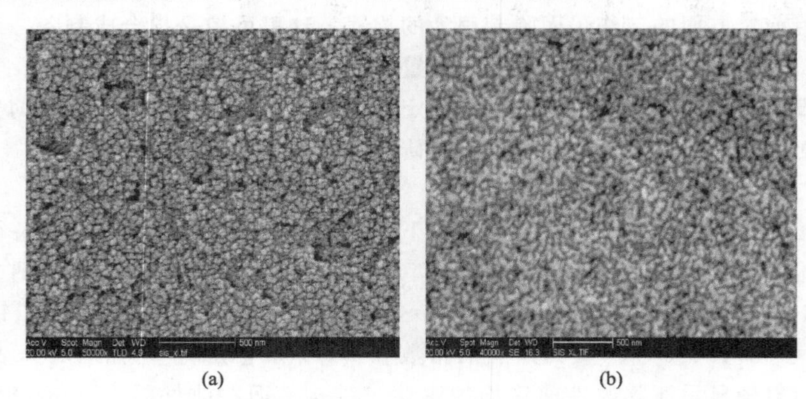

图 4-38 （a）TiO_xN_y 纳米颗粒和（b）TiO_xN_y 纳米线倾斜 45°的侧面扫描电镜图

图 4-39 是经氨气处理的 TiO_xN_y 纳米线阵列的断面扫描电子显微镜的照片，从图中可以看出：TiO_xN_y 纳米线大部分顶端呈球状，这与纳米线的生长习性有关，直径在 20nm 左右，具有一定的倾斜度，但整体生长趋势均垂直于膜层 FTO 导电玻璃。图 4-39 中显示出，纳米线具有统一的长度，平均长度在 2μm 左右，与衬底表面的夹角为 90°左右。TiO_xN_y 纳米线的底端有一层大约 500nm 的 TiO_xN_y 薄膜，TiO_xN_y 纳米线长在 TiO_xN_y 薄膜之上，TiO_xN_y 纳米线高度几乎一致，排列整齐而且非常紧密。此定向生长的形貌是由于反应中加入氨气所致。

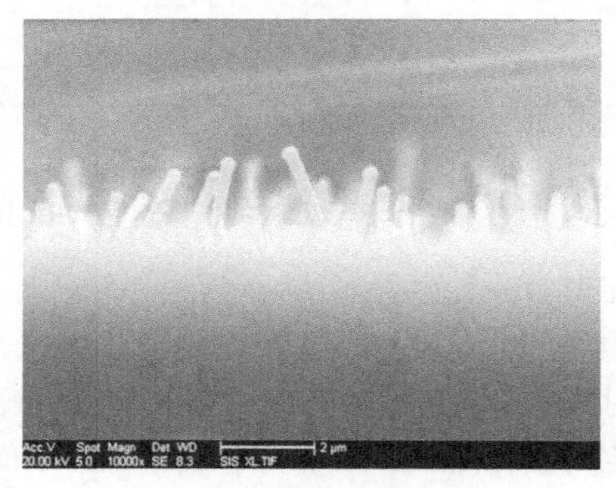

图 4-39 ［103］晶向上生长的 TiO_xN_y 纳米线阵列的断面 SEM 图

2）原子力显微镜

图 4-40 为导电玻璃截面上的不同反应压强下的 TiO_xN_y 纳米线的原子力显微镜（AFM）照片。图 4-40（a）显示了在导电玻璃上的 TiO_2 薄膜的表面形貌，图中未处理的 TiO_2 粒径均匀，颗粒之间相互连接并有许多微孔，从图中标尺估算得到纳米颗粒粒径为 50nm 左右。图 4-40（b）显示了在导电玻璃上定向生长的 TiO_xN_y 纳米线的表面形貌，纳米线呈簇状，并且沿着同一方向生长。

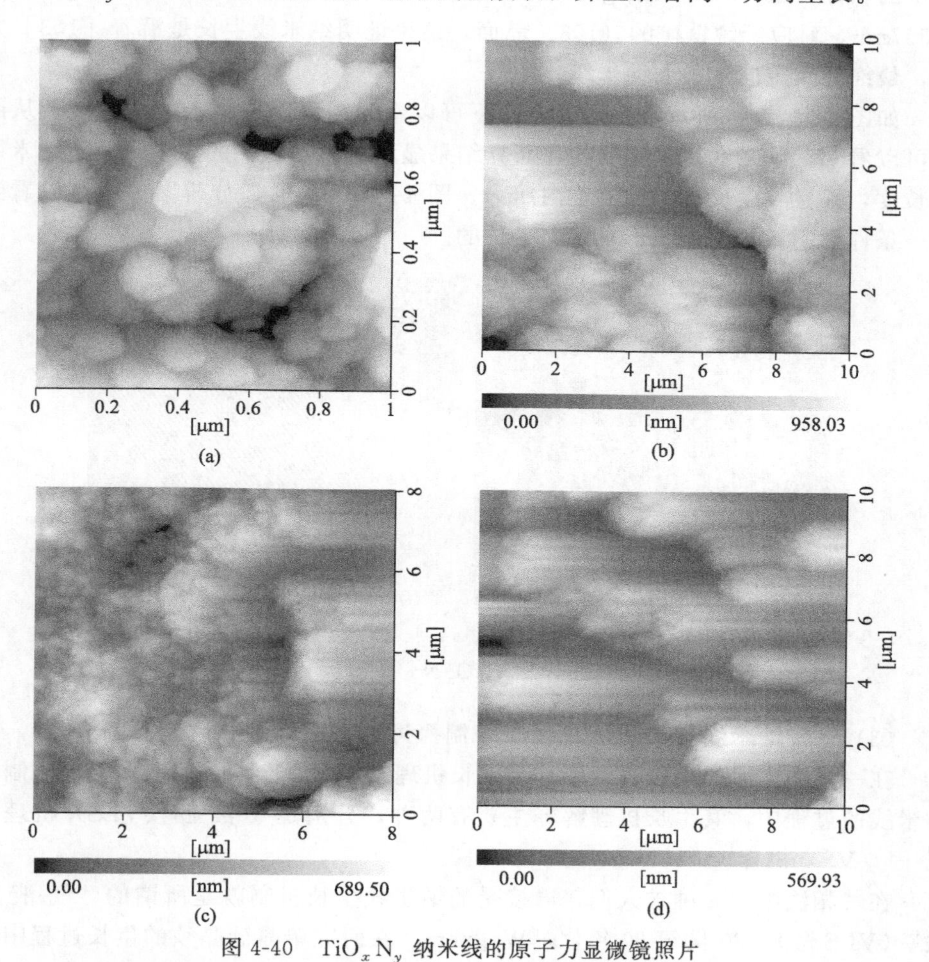

图 4-40　TiO_xN_y 纳米线的原子力显微镜照片

（a）TiO_2 薄膜纳米颗粒；不同压强下 TiO_xN_y 纳米线的原子力图：（b）0.6MPa（d_s=10μm）；（c）0.2MPa；（d）0.8MPa（d_s=10μm）

原子力显微镜照片显示，随着反应体系中压强的增加，纳米线顶部颗粒尺寸变小，且较 TiO_2 粉末粒径有明显的缩小。伴随着高压热处理烧结过程，粒子会沿垂直基底方向不断地生长，纳米线长度受压强影响较大，所得的纳米线长度随压强的增加而增长，这与前面扫描电镜的结果一致。

3）透射电镜图

图 4-41（a）中所示的为纳米线在低倍下的 TEM 照片，图片显示的纳米线平均长度在 2μm 左右。纳米线的晶形清晰可见，为锐钛矿结构。图 4-41（b）所示的是 TiO_xN_y 纳米线阵列的高分辨透射显微镜图像，在透射电镜下可以看到具有完整晶体结构的直径大约 20nm 的 TiO_xN_y 纳米线，根据 HRTEM 测试所提供的软件（Software of Digital Micrograph）计算得纳米线内核的晶面间距为 0.357nm，对应于锐钛矿的（103）晶面，结果证明纳米线生长是沿着［103］方向，最终导致定向生长的纳米线。

如图 4-41（a）所示，在透射电镜下可以看到高度定向纳米线的生成，从图中可以看到，纳米线是笔直线状，研究结果显示压力和氨气的含量影响了纳米线的长度，并且长度反比于反应釜内压力。图 4-41（b）的高分辨图像中可以看到这一条件下制备的纳米线也是定向生长的。

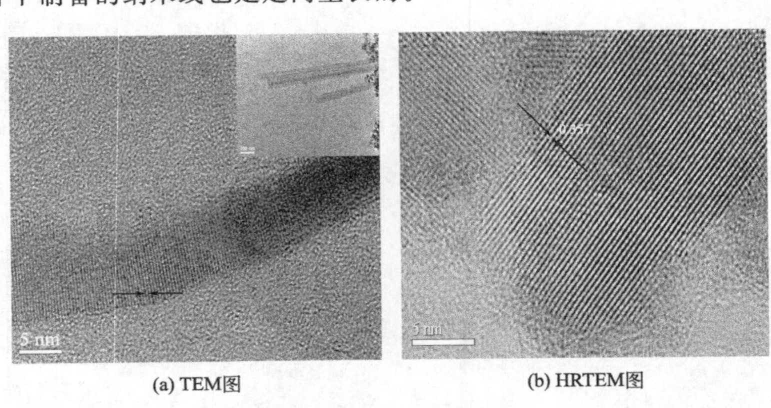

(a) TEM图　(b) HRTEM图

图 4-41　TiO_xN_y 纳米线

（3）一维纳米线 TiO_xN_y 的生长机制探讨

在一维纳米线的生长过程中，其生长机理是非常复杂的。目前在气相法制备纳米线的过程中，其生长机理解释主要有两种，分别是气-液-固（VLS）机理和气-固（VS）机理。

在气相法中，一种被人们普遍接受的纳米线生长机制就是所谓的“气-液-固法”（VLS 法）。20 世纪 60 年代，Wagner[71] 在研究单晶硅晶须的生长过程中首次提出了这种 VLS 方法。近年来，Lieber[72] 以及其他的研究者借鉴这种 VLS 法用来制备准一维纳米材料，现在 VLS 法已被广泛用来制备各种无机材料的纳米线，包括元素半导体（Si，Ge），Ⅲ～Ⅴ族半导体（GaN、GaAs、GaP、InP、InAs），Ⅱ～Ⅳ族半导体（ZnS、ZnSe、CdS、CdSe）以及氧化物（ZnO、Ga_2O_3、SiO_2）等。VLS 生长机制具有很强的规律性，因此具有很强的可控性与通用性。Huang 等[73]利用透射电镜（TEM）原位观察了 Ge 纳米线在 Au 催化作用下的生长过程，直接证明了纳米线的 VLS 生长机制。Wagner[74] 研究大单晶晶须生长时进一步解释了“气-液-固法”。

① 反应体系温度压力对纳米线生长的调控　为了考察氨气自生压及加入剂量的影响，设计了系列实验。实验结果如图 4-42 所示，纳米线的长度随着氨气含量的增加而变长。其主要原因是生长时周围氨催化剂含量较高，导致锐钛矿薄膜［103］衬底上生长的 TiO_xN_y 纳米颗粒晶核较多，晶核快速累加，从而形成长度较长的纳米线。而高压下的纳米线顶部球形直径比低压下生长的纳米线的要小，是因为当薄膜熔融时，由于外部压强过大，反应物还未来得及长大便缩小直径，以减小纳米线表面张力，迅速达到动态平衡。对比两图可以看出，高压样品的纳米线没有低压样品的纳米线密集，推测在反应体系中，低压条件下利于纳米线的生长。

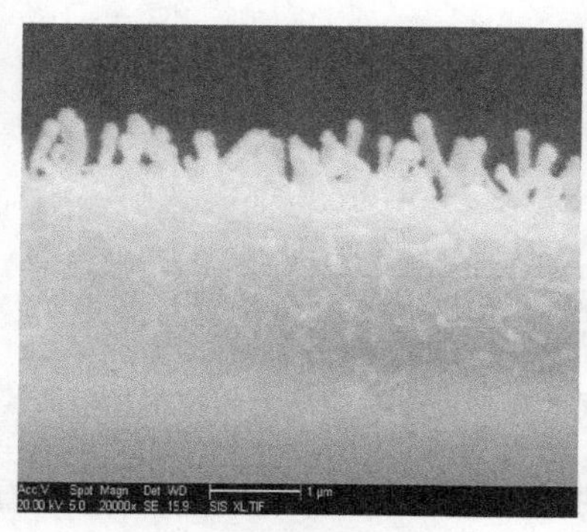

(a) 高压条件纳米线　　(b) 低压条件纳米线

图 4-42　［103］晶向上生长的 TiO_xN_y 纳米线阵列的断面 SEM 图

在实验过程中反应釜的加热功率是温度控制仪来加以控制的，有效地控制加热功率才能使一维纳米材料成核阶段和生长阶段明显地加以区分，通过成核过程的控制可以制得不同的一维 TiO_xN_y 纳米材料。

图 4-43 为氨气反应气氛下制备自组装生长的 TiO_xN_y 纳米线的典型温度对应压力的控制过程曲线。从图中可以看到 TiO_xN_y 纳米线具有一个明显的成核阶段，可以看到在 25～200℃（A～B 部分）时保持为持续升压过程，表明此过程中只是氨气自身受热膨胀，此时还未发生反应；温度在 200～350℃（B～C 部分）时，反应釜内压强急剧升高，表明有大量的气态物质放出，根据气态方程粗略计算，已超出预算范围，因此排除氨气自身受热膨胀的可能性，这一过程归属为氨气的还原反应而得到 TiO_xN_y 纳米颗粒释放出气体［反应过程见式（4-1）］，同时晶核开始核化。

$$NH_3 + TiO_2 \longrightarrow TiO_xN_y + H_2O \tag{4-1}$$

温度在 350～380℃（C 至 D 部分）时压强变化不明显，并且升温速度较平稳，这可能是由于晶体的生长引起的，表明 TiO_xN_y 纳米线生长过程中吸收了大量热量，致使匀速可控升温达不到预先升温速度，在此过程中存在自组生长的 TiO_xN_y 纳米线的形成与生长；温度在 380～400℃时釜内压强趋于稳定，经过保温过程（D至E部分）保证 TiO_xN_y 纳米线的生长后，反应釜自然冷却至室温后体系压强比预设压高出 0.2MPa，说明反应过程中确实有其他气体生成，是一个体积增大的反应。

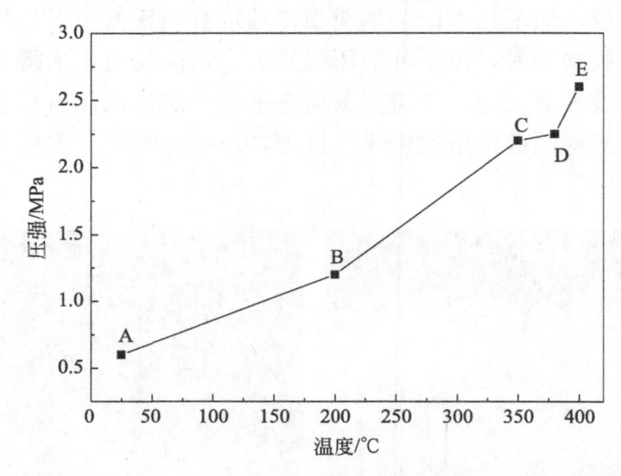

图 4-43　自组装生长的 TiO_xN_y 纳米线的典型温度对应压力的控制过程曲线

② 反应体系中时间的影响对纳米线生长的调控　从图 4-44 中可以看出，在反应时间不充足时，膜层表面只有突出的球状颗粒生成，进一步验证了机理中提出的纳米线的生长方式——纳米颗粒熔融后与氨气反应生成 TiO_xN_y 化合物，然后在表面能最小的方向上扩散形成择优定向生长的纳米线。

图 4-44　反应时间对 TiO_xN_y 纳米线生长的影响

③ 反应体系膜层厚度对纳米线生长的调控　如图 4-45 所示，结果表明只有在膜厚为 2μm 条件下才会生长出纳米线，其他条件下没有任何纳米线生成。这

也进一步证明了在纳米线生成过程中，排除基底膜层中的 Sn 作为矿化剂促进纳米线生成的推测。

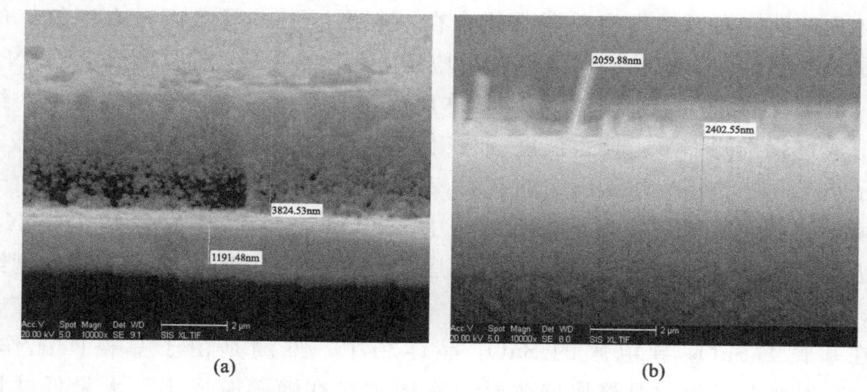

图 4-45　TiO_xN_y 纳米线生长实验 SEM 图

（a）TiO_2 薄膜，膜层厚约 3.8μm；

（b）TiO_xN_y 纳米线（0.6MPa，400℃，12h）纳米线长约 2μm，膜层厚约 2.4μm

④ 反应体系氮源对纳米线生长的调控　为了进一步考察其他气体能否在同样条件下生成纳米线，我们完成了 400℃、0.6MPa、12h 反应条件下，N_2 氛围下的薄膜掺氮实验，结果证实用 N_2 取代 NH_3 参与反应并没有出现 TiO_xN_y 纳米线。实验结果如图 4-46 所示，进一步为后部分提出的 NH_3 辅助纳米线生长机理提供了证明。

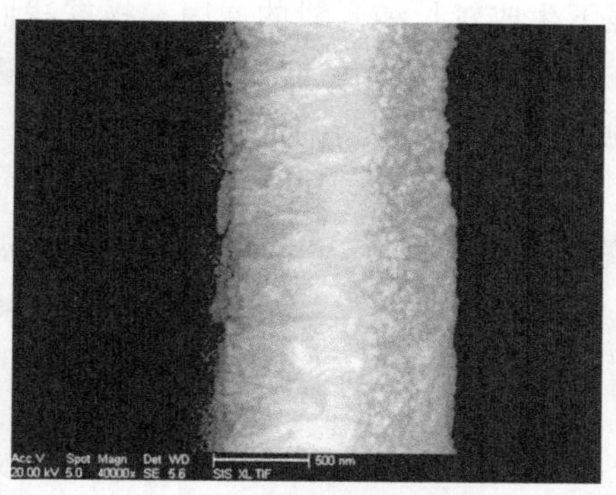

图 4-46　N_2 气氛下生长的 TiO_2 薄膜 SEM 图（无纳米线生成）

⑤ NH_3 作用下自组装纳米线生长机制　本例合成的 TiO_xN_y 纳米线下面有一层 TiO_2 薄膜，反应气氛中有还原气体，所以样品中的 TiO_xN_y 纳米线跟传统的气-液-固（V-L-S）机理略有不同。基于上述传统机理，我们提出了本实验中 TiO_2 颗粒原位转化为一维纳米线形貌的生长机理——NH_3 作用下自组装纳米线生长机制。所谓的自组装（self-assembly），是指基本结构单元（纳米材料、分子、微米或更大尺度的物质）自发形成有序结构的一种技术。在自组装的过程

中，基本结构单元自发地组织或聚集为一个稳定、具有一定规则几何外形的结构。自组装过程并不是大量原子、离子、分子之间弱作用力的简单叠加，而是若干个体之间同时自发地发生关联并集合在一起形成一个紧密而又有序整体的过程，是一种整体的复杂的协同作用。反应中 NH_3 将 TiO_2 还原形成 TiO_xN_y 过渡态，NH_3 在反应中充当还原剂，具体反应过程见式（4-1）。在实验中，纳米线的形成过程推测如下：体系温度缓慢升高，TiO_2 粉末最初出现熔融状态，由于分子热运动的作用，熔融状态的 TiO_2 颗粒向基片方向产生无序运动，由于反应环境中存在大量氨气，在运动的过程中，TiO_2 被 NH_3 还原生成 TiO_xN_y 团簇，进而沉积在基片表面，形成一层无序的 TiO_xN_y 纳米团簇膜层；温度继续升高，TiO_xN_y 纳米团簇逐渐沉积得到一定厚度的膜层，并结晶形成晶核，此时，在基底 F-SnO_2 导电膜的 SnO_2 晶体场中，推测是由于晶格匹配作用，TiO_xN_y 纳米晶核发生晶格取向生长，有序重排在薄膜基底上，大量低共熔的 TiO_2 催化剂不断吸纳气相中的 NH_3 反应物分子，当部分反应物达到了适合晶须生长的过饱和度后，便在基体表面垂直方向上择优析出晶体，随着基底膜层不断吸纳气相中的 NH_3 和在晶核上进一步析出晶体，晶须不断地沿［103］方向向上生长，并将圆形的低共熔反应物向上抬高，一直到生长过程结束，冷却后反应物在晶须上面形成球冠状，即为 SEM 图片中所示的状态。具体过程如图 4-47 所示。在此过程中，氨气在“NH_3 作用下自组装纳米线生长机制”中起到了重要的作用，既为还原剂，又为反应过程提供了推动反应物前进的动力，这就更近一步解释了在较大压强下生成较长纳米线的原因。根据我们提出的生长机制，反应物与固体界面的存在将会对晶体的各向异性生长产生促进作用，使材料在某一方向择优生长，而其他方向的生长则受到抑制，从而得到一维纳米材料。

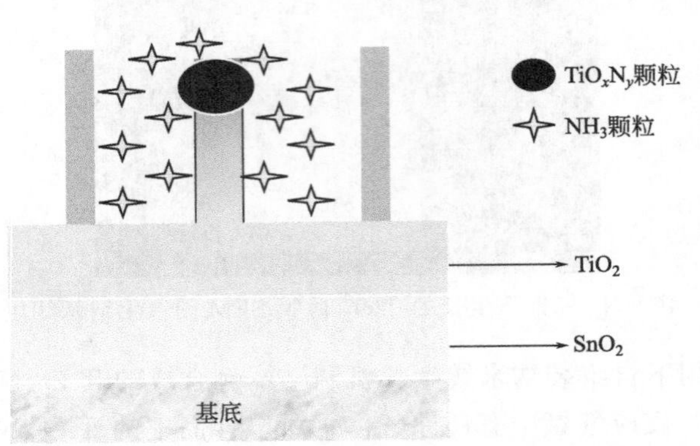

图 4-47　TiO_xN_y 纳米线阵列生长过程示意图

在对比实验中，当原料中的氨气含量相对较少时，则反应式（4-1）能提供的还原剂非常有限，使得反应进行并不十分剧烈，从而不会得到较长的 TiO_xN_y

纳米线。当反应式（4-1）中能提供的还原剂的量比较合适时，反应物将在很短的时间内达到极高的浓度，并在产物表面向外形成很高的浓度梯度，且这些熔融 TiO_xN_y 直接沉积在反应物表面堆积形成 TiO_xN_y 线状结构，因此有 TiO_xN_y 纳米线的形成。

TiO_xN_y 纳米线的形成与下面的原因有关：锐钛矿结构的 TiO_xN_y 由于本身固有的结构特征而趋向于形成准一维的晶须形貌。在沉积过程中沉积基底表层存在非常高的浓度梯度和气源的浓度梯度可能使得晶须形成独特的锥尖形貌。而实验中发现施加较小氨气压强得到的 TiO_xN_y 线的底部直径更粗的原因，可能与 TiO_xN_y 在反应中在反应物表面形成的温度和 TiO_xN_y 的浓度梯度更高有关。当 TiO_xN_y 浓度很低，在反应物表层并不利于浓度梯度的形成，所以形成的 TiO_xN_y 晶须在长度方向将具有均匀的直径，而且随着氨气越来越多，形成的 TiO_xN_y 的浓度越来越高，会使得形成的 TiO_xN_y 晶须的直径越来越大。

⑥ 表面扩散生长机制　基于纳米管的表面扩散生长机理，研究认为除了上述 NH_3 作用下自组装纳米线生长机制外，还存在另一种生长模式——表面扩散机制，即在 TiO_xN_y 纳米线的生长过程中，纳米线周围的 TiO_xN_y 通过表面扩散到达纳米线的根部、表面和顶端参与纳米线的生长，为了维持这种表面扩散的进行，在纳米线的根部到尖端必然存在一个浓度梯度，所以纳米线的根部直径比尖端的大，从而形成了类锥状结构。类锥状结构纳米线的表面较粗糙，在纳米线的表面可能存在有 TiO_xN_y 输运层，这在一定程度上证明了表面扩散生长机理的存在。此外，研究发现随着反应时间的延长，通过 NH_3 作用下自组装纳米线生长机制生长 TiO_xN_y 纳米线，导致纳米线的长度增加、密度也在增加；由于表面扩散生长机理的存在导致纳米线的直径增加。在此过程中，NH_3 同样起到了很重要的作用，即 NH_3 压强越大，在［103］方向上生长速度就越快。

当形貌转化成纳米线后，光电压反而比纳米颗粒增强。究其原因主要取决于纳米线的结构特点——较长的电子传输通道及较低的表面积/体积比例，这些特点有利于减少电子传输层中电子/空穴的复合概率。由于反应中的 NH_3 是可控的，因此该方法有望对纳米线的长度及生长起调控作用。

4.4.2 实例 2——掺杂改性空穴传输层在钙钛矿太阳能电池中的应用

对于高效钙钛矿太阳能电池来说，性能优越的空穴传输层是钙钛矿太阳能电池非常重要的组成部分之一。但是截至目前，最高效率的钙钛矿太阳能电池仍以 Spiro-OMeTAD 为空穴传输层。Spiro-OMeTAD 是一种非常流行的有机小分子空穴传输材料，最早于 1998 年被 Bach 等[75]用在固态染料敏化太阳能电池中。实际上，Spiro-OMeTAD 自身的空穴迁移率和导电性非常低，不具有高效传输空穴的作用，必须经过添加剂掺杂后，在空气中或者紫外光照射下氧化才能提高其导电性，并且达到。2013 年，Noh 等[76]用一种 Co(Ⅲ) 的复合物（FK209）用于 Spiro-OMeTAD 的添加剂，制备的钙钛矿太阳能电池效率从不掺杂的 5.0%提升到了 9.7%。如图 4-48 所示，Li 等[77]于 2017 年用 H_3PO_4 和 H_2SO_4 等酸掺杂 Spiro-OMeTAD，掺杂后的 Spiro-OMeTAD 空穴传输层具有更高的导电性；最终 H_3PO_4 掺杂的钙钛矿太阳能电池取得了 17.6%的效率，H_2SO_4 掺杂的钙钛矿太阳能电池取得了 17.7%的效率，而没有酸掺杂的空白钙钛矿太阳能电池取得了 15.2%的效率。可见 Spiro-OMeTAD 的掺杂是一个非常有效的提高电池性能的方法，寻求制备工艺简单、性能优越和稳定性好的掺杂剂是一个非常重要的研究内容。

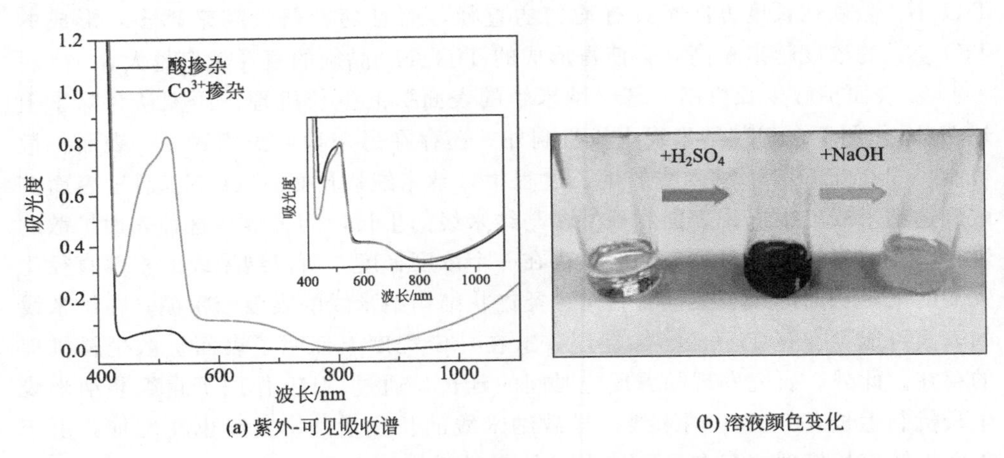

(a) 紫外-可见吸收谱　　(b) 溶液颜色变化

图 4-48　Spiro-OMeTAD 被 H_2SO_4 和 Co(Ⅲ) 化合物掺杂氧化

4.4.2.1　吡啶类配合物用作 Spiro-OMeTAD 添加剂

含氮配体的发光金属配合物由于在光化学、传感器技术和电致发光器件等方面具有潜在的应用前景而引起了人们广泛的关注。近年来文献中大量报道了 d^{10} 族含氮配体金属配合物的合成、结构，并研究了它们的发光性能。

过渡金属配合物具有特殊的分子结构，一方面因其分子的刚性结构，使得分子辐射跃迁概率大大增强；另一方面因其分子具有优异的稳定性，为其作为功能性材料的应用提供了保证。金属离子与有机配体所形成的配合物的发光能力，与金属离子以及有机配体结构上的特性有着密切的关系。金属配合物的中心金属离子、配体共轭体系共轭程度、共轭大 π 键的共平面性及其刚性程度、分子母体上取代基的种类及取代基所在位置和分子几何结构等都是影响金属配合物发光性能的重要因素。因此如何设计和合成发光性能更好的金属配合物便成为研究的重点。

1995 年，Brookhart[78]报道了含大取代基二亚胺配体的 Ni(Ⅱ) 及 Pd(Ⅱ) 配合物，它们能够催化乙烯及 α-烯烃聚合而得到高分子量的聚合物，β-二亚胺类配合物相对于 α-二亚胺类配合物在烯烃聚合领域研究的并不广泛。β-二亚胺类配体既可以纯配位的方式，又可以负一价的阴离子形式配位到金属中心上。1997 年，Feldman[79]使用纯配位的镍的 β-二亚胺类配合物经 MAO 活化后可以完成催化乙烯聚合反应。最近对阴离子配体的 β-二亚胺类配合物也有大量文献报道。1998 年，美国 Brookhart（Du Pont 公司资助）[80]和英国 Gibson（BP 公司资助）[81]分别在 Journal of American Chemical Society 和 Chemical Communication 上报道了用 2,6-吡啶二亚胺配体制备的铁（Ⅱ）和钴（Ⅱ）催化剂，该类催化剂在 MAO 存在下，对乙烯聚合表现出极高的反应活性，得到高密度聚乙烯。吡啶类配合物是非常令人感兴趣的一类光敏化合物，但目前的研究仅限于它的催化性能，对它的光电发光性能研究较少，笔者课题组将其应用于染料敏化太阳能电池中，效率有很大的提高。该类化合物的光谱在紫外区、可见光区均有吸收，并且具有羧基等取代基，表面有良好的吸附能力，通过吸附功能基团增强空穴传输层效能，实现空穴的高速提取和传输，且制备相对简单，化学稳定性好。

有机化合物的多样性，可以通过分子设计的方法来剪裁分子结构，以满足人们对材料特性的要求，从而最终得到高效价廉的太阳能电池。本实例通过物理吸附方法，将过渡金属系列配合物作为 Spiro-OMeTAD 添加剂，制备出掺杂改性的空穴传输层，以应用于钙钛矿太阳能电池中，图 4-49 为二亚胺过渡金属配合物的结构式。

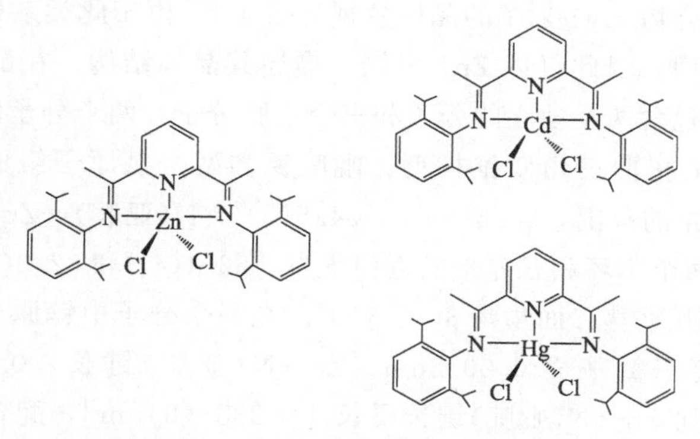

图 4-49　二亚胺类过渡金属配合物的结构式

（1）晶体结构与电化学性质之间的关系

一般认为，分子的空间几何构型与其电子结构有着密切的关系。研究者们力图据此设计出适合的添加剂用于太阳能电池的研究中。

以下以 Zn1 为例进行说明。选择适当尺寸的 Zn1 的单晶，进行 X 射线单晶衍射测试。图 4-50 为 Zn1 的基本结构单元，在该基本结构单元中，含有一个 Zn^{2+}，三个二亚胺 2,6-吡啶二亚胺配体。中心原子 Zn^{2+} 为五配位结构：三个 2,6-吡啶二亚胺配体的六个羧基氧原子［O(1)、O(2)、O(30)、O(10)、O(17) 和 O(12)］及三个氮原子［N(1)，N(2) 和 N(3)］，过渡金属离子锌中心恰好位于三个吡啶环所在平面的交点上。

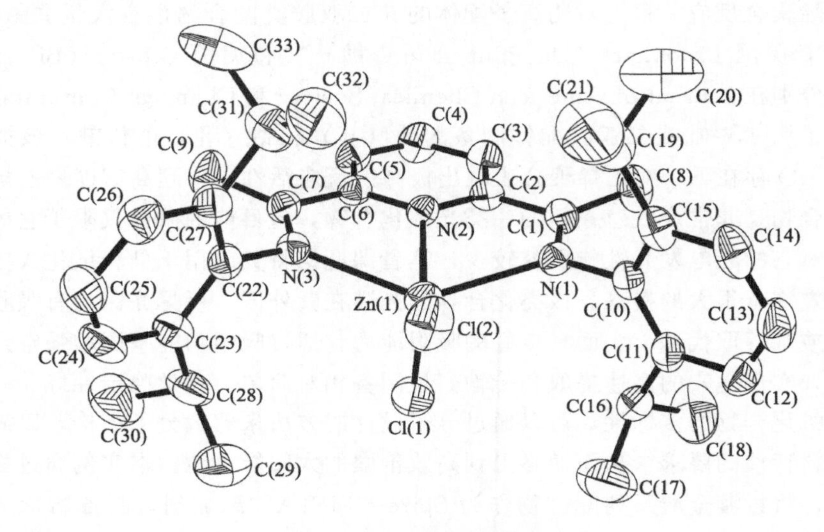

图 4-50　Zn1 的基本结构单元图

过渡金属配合物 Hg1-Zn1 的晶体数据见表 4-4。由于此类系列配合物具有相似的分子空间构型，因此仅以 Zn1 为例，描述其晶体结构。在配合物 Zn1 不对称的晶胞单元中包含两个独立的分子和三个乙腈分子，两个分子均为以金属为中心近似 C_s 对称的扭曲三角双锥构型，吡啶氮和两个氯原子组成赤道平面，在 Zn1 分子中赤道角的范围：94.4(2)°～134.5(2)°。N(亚胺)—Zn—N(亚胺)键角是 126.6(2)°。两个苯环和三氮平面近似垂直［82.4(4)°和 82.0(3)°］，两个苯环平面也近似于相互垂直二面角是 80.5 (3)°。在一个分子中锌原子偏离赤道平面 0.0740nm，偏离三氮平面 0.0032nm。Zn—N(亚胺)键长［0.2427(9)nm 和 0.2444(9)nm］比 Zn—N(吡啶)键长要长［0.2386(8)nm］，配合物 Zn1 中亚胺的 C═N 具有典型的双键特征，C═N 的键长范围：0.1266(11)～0.1291(11) nm。对比该系列配合物的晶体数据，可以看出 M—O 键长在 0.2412(5)～0.2497(5)nm 范围内，M—N 键长在 0.2515(6)～0.2599(7)nm 范围内，O—M—O 键角在 76.4(2)°～150.0(2)°的范围内，O—M—N 键角在 62.4(2)°～136.4(2)°的范围内，N—M—N 键角在 119.8 (2)°～140.3 (2)°的范围内。

表 4-4　过渡金属配合物 Hg1-Zn1 的晶体数据

化合物名称	Zn1	Cd1	Hg1
经验分子式	$C_{33}H_{43}N_3Cl_2Zn$	$C_{33}H_{43}N_3Cl_2Cd$	$C_{33}H_{43}N_3Cl_2Hg$
分子量	617.97	664.67	752.85
晶系/空间群	Triclinic P-1		
晶胞参数			
a/nm	0.8808 (2)	0.8884 (2)	0.8847 (2)
b/nm	0.9688 (2)	0.9967 (2)	0.9853 (2)
c/nm	2.1127 (5)	21.213 (4)	2.1037 (4)
α/(°)	83.056 (4)	81.02 (3)	80.47 (3)
β/(°)	88.635 (4)	88.52 (3)	88.41 (3)
γ/(°)	66.246 (4)	66.52 (3)	66.89 (3)
体积/nm^3	1.6374 (6)	1.7003 (6)	1.6620 (6)
Z	2	2	2
密度/(mg/m^3)	1.253	2.805	3.904
F (000)	652	960	1666
数据收集的 θ 范围	1.94°～26.10°	2.26°～27.48°	2.28°～27.48°
限制参数	$-10\leqslant h\leqslant 10$ $-11\leqslant k\leqslant 11$ $-25\leqslant l\leqslant 24$	$-11\leqslant h\leqslant 11$ $-27\leqslant l\leqslant 27$ $-12\leqslant k\leqslant 12$	$0\leqslant h\leqslant 11$ $-11\leqslant k\leqslant 12$ $-27\leqslant l\leqslant 27$
数据/限制/参数	6289/0/352	7213/78/352	7359/12/352
最佳拟合的 F^2 值	0.972	1.019	1.025
偏差因子 [$I>2\sigma(I)$] $R_1$①	0.0464	0.0736	0.0560
偏差因子（全部数据）$wR_2$②	0.0935	0.1603	0.1458

① $R_1=\sum\|F_o|-|F_c\|/\sum|F_o|$。

② $wR_2=\{\sum[w(F_o^2-F_c^2)^2]/\sum[w(F_o^2)^2]\}^{1/2}$

综合考虑配合物的电池性能与晶体空间构型之间的关系，可以看出结果呈现一定的规律性：在配合物分子内，金属—N 键长越短，二面角的角度越大，分子的共平面型越好，越利于电子的传输；在分子间，氢键作用越弱，越利于电子的传输，最终导致组装的电池效率较高。

Zn1 的二维结构沿 c 轴通过氢键和 π-π 堆积形成三维超分子结构，如图 4-51 中所示，短线代表氢键。其中 Hg1-Zn1 的氢键数据表列于表 4-5 中，从中可以看出，随着质子数的增加，氢键逐渐减小。对比光电性能可以看出，氢键作用越强，分子之间的空间越不利于电子的传输。

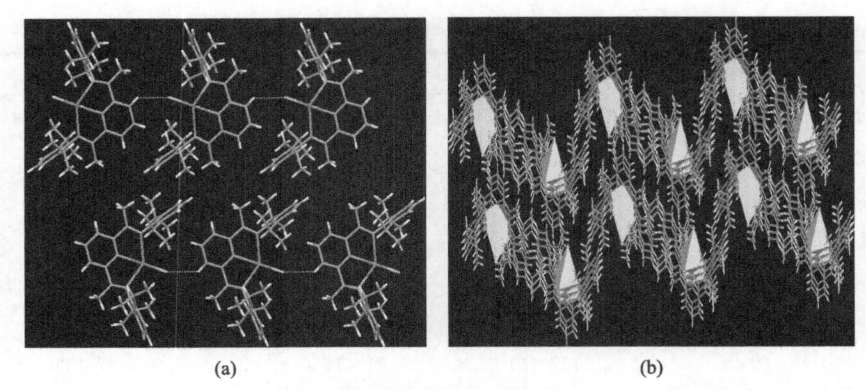

图 4-51　Zn1（a）沿 c 轴平面的堆积图，氢键图；（b）π-π 堆积三维超分子结构图

表 4-5　M1 的分子结构键长键角数据

	M—N 键长 /nm	M—Cl 键长 /nm	氢键 键长 /nm	M 偏离赤道平面距离 /nm	M 偏离三氮平面距离/nm	二面角 N—M—N /(°)	偏离三氮平面角度 /(°)
Zn1	0.2313	0.2251	0.2887	0.0560	0.0013	139.88 (8)	72.88 (8)
Cd1	0.2480	0.2411	0.2744	0.0652	0.0027	131.99 (16)	68.29 (17)
Hg1	0.2513	0.2364	0.2746	0.0740	0.0032	126.6 (2)	65.4 (2)

2,6-吡啶二亚胺在 Zn1 中的配位方式如图 4-50 所示，每个 2,6-吡啶二亚胺利用三个配位点与同一个金属锌离子中心形成螯合式配位。基本结构单元沿 ac、bc、ab 方向通过氢键或是 π-π 堆积无限连接形成之字形三维超分子（图 4-51）。

（2）过渡金属配合物的能级匹配

根据库贝尔卡-蒙克（Kubelka-Munk）理论，可以计算出 Zn1 的带隙约为 3.09eV。根据文献给出的能级计算方法，结合循环伏安测试数据，Zn1 的 HOMO 和 LUMO 值分别为－5.54eV 和－2.45eV。

$$E_{HOMO}=(E^{Ox}+4.50+0.20)$$
$$E_{HOMO}=-E_g+E_{LUMO} \tag{4-2}$$

式中，E^{Ox} 为物质第一氧化峰的电位值。

如图 4-52 所示，根据文献报道，氧化前后 Spiro-OMeTAD 分子内部的电子云分布发生了变化，最终会使得相应空穴传输层的费米能级向 Spiro-OMeTAD 的 HOMO 能级移动。

4.4.2.2　多金属氧酸盐用作 Spiro-OMeTAD 添加剂

鉴于杂多酸及其金属盐许多独特的物理化学性质，决定了多酸在太阳能电池中杰出的应用潜力，尤其在薄膜太阳能电池中可以用作光吸收剂材料、电荷传输

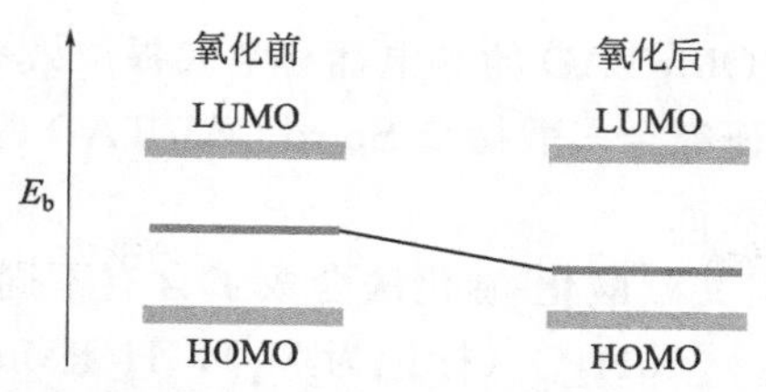

图 4-52　添加剂掺杂前后的 Spiro-OMeTAD 能级变化示意图

材料以及其他电池材料的改性修饰材料。在有机太阳能电池中，多酸还可以用作空穴传输层材料，去收集和传输光生空穴。在聚合物电池中，多酸与 TiO_2 复合物可以有效地加速光生电荷的分离和提取。在量子点太阳能电池中，多酸可以用作敏化剂去敏化 TiO_2 制作电池。如图 4-53 所示，多酸可以用于有机聚合物太阳能电池中改善电池内部的光生电荷传输性能。

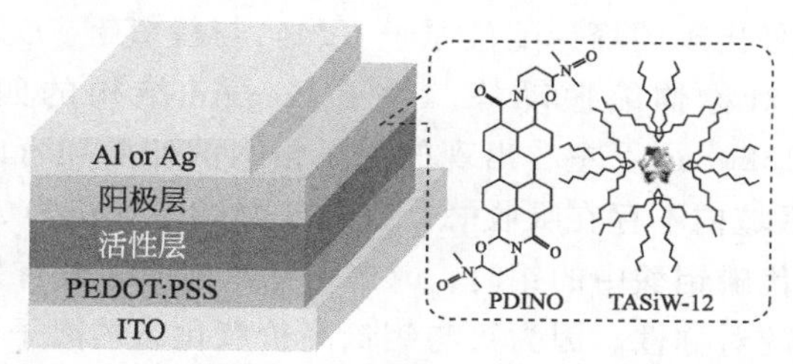

图 4-53　多酸在有机聚合物太阳能电池中做阴极界面层

2016 年，Huang 等[82]制备了多酸与 TiO_2 的复合物致密电子传输层，制备的钙钛矿太阳能电池取得更高的电池性能，其光电转化效率可达 15.15%，电池的开路电压最大可达到 1.1 左右，而空白 TiO_2 电池的效率只有 12.32%，电池的开路电压仅为 0.95V，而且电池具有相对较小的滞后现象，主要是因为多酸掺杂的 TiO_2 可以有效地改变 TiO_2 自身的能级结构，提高电子传输层的导电性和电子提取能力。东北师范大学的 Zhang 等[83]于 2016 年制备了 PW_{12} 掺杂的钙钛矿复合物电极，与空白钙钛矿薄膜电极相比，多酸与钙钛矿复合物电极具有更高的光导电性和光探测性能，主要是由于多酸优异的电学性能加速了钙钛矿光生电子的提取和传输，进而有效抑制了光生电子和空穴的复合。2017 年，Sardashti 等[84]将 SiW_{12} 单独用作介孔层制备了高效的钙钛矿太阳能电池。韩国的 Tyoi 等[85]于 2017 年将 SiW_{12} 的锂盐用作致密层制备钙钛矿太阳能电池，取得了 14.26%的光电转化效率。

杂多酸是一类结构和组成丰富的多金属氧离子簇，具有结构稳定、容易合成以及强催化氧化活性等特点。本例中合成系列三元钒取代的 Keggin 结构杂多酸，并且将其用作 Spiro-OMeTAD 的化学添加剂，在不需空气和紫外光氧化的情况下，与 Li-TFSI 和 TBP 一起协同作用。杂多酸掺杂可直接快速氧化 Spiro-

OMeTAD，改善 Spiro-OMeTAD 的导电性和空穴提取效率，进而增加钙钛矿太阳能电池的效率，并可研究杂多酸掺杂 Spiro-OMeTAD 的电荷传输机理。

（1）杂多酸的结构表征

① 红外光谱　根据文献酸化-醚化法合成了含有不同钒原子数的 Keggin 型杂多酸：$H_4PMo_{11}VO_{40} \cdot 10H_2O$（标记为 V_1），$H_5PMo_{10}V_2O_{40} \cdot 11H_2O$（标记为 V_2），$H_6PMo_9V_3O_{40} \cdot 4H_2O$（标记为 V_3）。

从三种杂多酸的红外光谱图（图 4-54）可以看到以下三个 Keggin 结构杂多酸的特征吸收峰，在 $1061cm^{-1}$ 左右均出现了磷与内氧键 O_a（即四面体氧）的反对称伸缩振动吸收峰。$958cm^{-1}$ 左右出现的峰为配位原子（M）与端氧键 O_d（每个八面体的非共用氧）的反对称伸缩振动峰，$867cm^{-1}$ 左右出现的峰为配位原子（M）与桥氧键 O_b（属于不同三种金属簇角顶共用氧）的反对称伸缩振动峰，$780cm^{-1}$ 左右处出现的峰为配位原子（M）与桥氧键 O_c（属于同一三种金属簇共用氧）的反对称伸缩振动峰。除了 Keggin 结构的四个特征峰外，在 $3420cm^{-1}$ 左右和 $1620cm^{-1}$ 左右出现的为晶格水的伸缩和弯曲振动吸收峰，在 $1100 \sim 1200cm^{-1}$ 区域内不存在吸收峰，判断 3 种杂多酸均为 A 型 Keggin 结构，当用钒原子部分取代磷钼酸中的钼时，$\nu(P—O_a)$ 特征峰没有发生分裂，说明没有降低磷氧四面体的对称性。因为钒与钼最高价氧化态的离子半径相近，分别为 59pm 和 62pm，使得在 $[MO_6]$ 八面体中引入钒原子而没有发生大的扭曲。

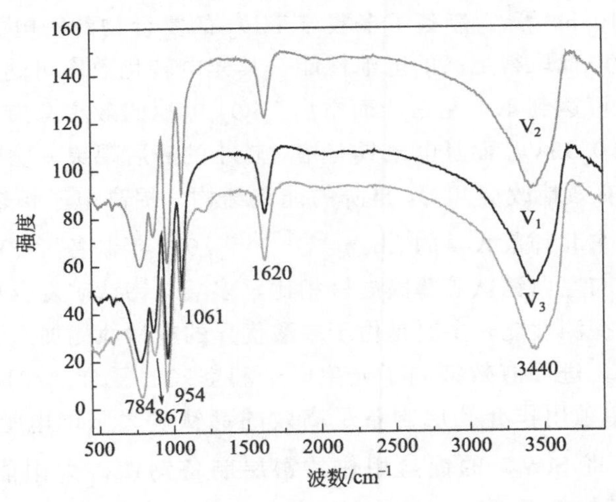

图 4-54　V_1、V_2 和 V_3 的红外光谱图

② X 射线粉末衍射（XRD）　杂多酸进行了 XRD 表征，从图 4-55 中我们可以看到三种不同钒原子数的钼钒磷杂多酸的 X 射线衍射图与已知 Keggin 结构的 12-钼磷酸的 XRD 结果很相似，衍射峰的位置主要集中在 2θ 为 $7° \sim 10°$，$16° \sim$

23°，25°～30°和31°～38°四个区间内。其中，第一个范围内的衍射峰最强，如化合物 V_1 在8.043时出现最强峰，化合物 V_2 在8.068时出现最强峰，并且最强峰旁的衍射峰相对强度也很大；25°～30°区间内的衍射峰强度次之；第四个范围内的衍射强度最弱，这种一致性表明它们是类质同晶体。这就进一步证实了IR光谱的结果，验证了所合成的三种化合物具有相似的结构，即这三种杂多酸均具有Keggin结构。

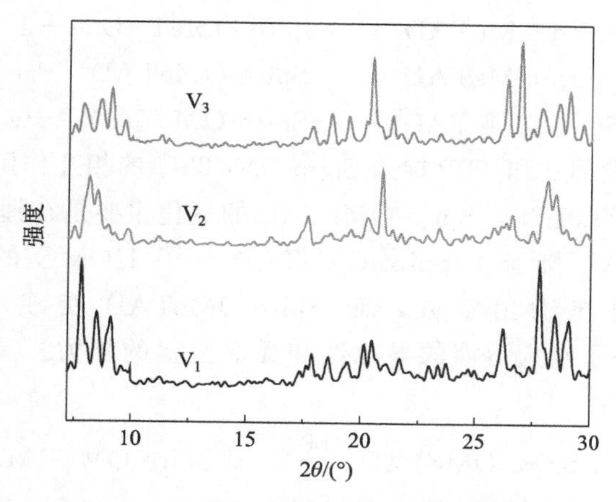

图4-55 Keggin型杂多酸及其缺位取代型杂多酸的XRD谱图

③ 元素分析（ICP）

用ICP原子发射光谱对多酸化合物所含元素含量进行定量分析（表4-6），合成的 $H_mPMo_{12-n}V_nO_{40}$ （n=1～3）多酸化合物［$H_4PMo_{11}VO_{40}\cdot xH_2O$($V_1$)、$H_5PMo_{10}V_2O_{40}\cdot xH_2O$($V_2$) 及 $H_6PMo_9V_3O_{40}\cdot xH_2O$($V_3$) 的P、V、Mo的比例分别为1∶0.9∶10.9，1∶2.2∶9.7，和1∶2.7∶8.9］。总体上达到了与其理论值相符的 $H_mPMo_{12-n}V_nO_{40}$ （n=1～3）的元素含量，表明合成的三种多酸化合物与目标产物基本一致。

表4-6 $H_mPMo_{12-n}V_nO_{40}$ 杂多酸的元素分析

样品	P含量/10^{-6}	V含量/10^{-6}	Mo含量/10^{-6}	原子比测量值
V_1	5.37	7.72	183.40	1.0∶0.9∶11.0
V_2	8.16	28.00	245.00	1.0∶2.1∶9.8
V_3	4.76	19.11	131.04	1.0∶2.6∶8.9

(2) 杂多酸掺杂Spiro-OMeTAD的作用机制

以下以 V_1 为例进行说明。为了计算杂多酸的光学带隙以及最高占有轨道（HOMO）和最低非占有轨道（LUMO）能级值，对 V_1 执行了紫外-可见吸收和循环伏安测试。根据库贝尔卡-蒙克（Kubelka-Munk）理论，可以计算出 V_1 的带隙约为 3.25eV。通过循环伏安测试数据计算，V_1 的 HOMO 和 LUMO 值分别为−5.31eV 和−2.06eV。

结合文献报道，可以推测杂多酸 V_1 可以对 Spiro-OMeTAD 进行化学氧化，进而改变 Spiro-OMeTAD 的性能[129]。据文献报道，Spiro-OMeTAD 的氧化可以分为多步进行，具体如下：

$$\text{Spiro-OMeTAD}^0 \longrightarrow \text{Spiro-OMeTAD}^+ + e^-$$

$$\text{Spiro-OMeTAD}^+ \longrightarrow \text{Spiro-OMeTAD}^{2+} + e^-$$

$$\text{Spiro-OMeTAD}^{2+} \longrightarrow \text{Spiro-OMeTAD}^{3+} + e^-$$

$$\text{Spiro-OMeTAD}^{3+} \longrightarrow \text{Spiro-OMeTAD}^{4+} + e^-$$

杂多酸 V_1 以及锂盐和 TBP 掺杂 Spiro-OMeTAD 的相互作用过程如式（4-3）、式（4-4）所示。可以看出，Spiro-OMeTAD 的氧化主要是在锂盐和 TBP 的协助作用下，杂多酸 V_1 接受了 Spiro-OMeTAD 分子 HOMO 的电子，在 Spiro-OMeTAD 分子内部诱出空穴，而 Spiro-OMeTAD 变成了相应的 Spiro-OMeTAD$^+$，提高了空穴溶液的导电性和提取空穴的能力。具体氧化过程可以分为如下两步反应：

$$V_1 + \text{Spiro-OMeTAD} \xrightarrow{\text{TBP}} V_1^- + \text{Spiro-OMeTAD}^+ \tag{4-3}$$

$$V_1^- + \text{Spiro-OMeTAD}^+ + \text{LiTFSI} \xrightarrow{\text{TBP}} \text{Li}^+ V_1^- + \text{Spiro-OMeTAD}^+ \text{TFSI}^- \tag{4-4}$$

图 4-56 为所制备的钙钛矿太阳能电池的结构和电池各组分能级结构示意图。从图 4-56（a）中可以看出，制备的电池为介孔结构钙钛矿太阳能电池，主要由以下五部分组成，分别为 FTO 导电玻璃基底、电子传输层（包括致密阻挡层 C-TiO_2 和介孔层 M-TiO_2）、钙钛矿 $CH_3NH_3PbI_3$ 层、Sprio-OMeTAD 空穴传输层以及金电极。从图 4-56（b）中可以看出，Spiro-OMeTAD 分子的 HOMO 值为−5.11eV，而计算所得的杂多酸 V_1 的 HOMO 值为−5.31eV，两者之间 0.20eV 的能级差可以保证 Spiro-OMeTAD 分子 HOMO 轨道的电子顺利传递到

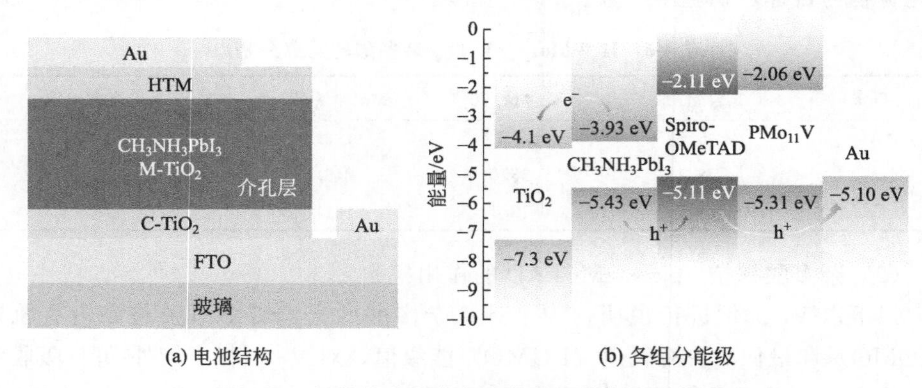

(a) 电池结构　　(b) 各组分能级

图 4-56　钙钛矿太阳能电池的各组分能级示意图

V_1 的 HOMO 轨道中，起到了氧化 Spiro-OMeTAD 的作用，进而在 Spiro-OMeTAD 分子内部诱导了空穴，提高 Spiro-OMeTAD 的导电性及空穴提取效率，进一步提高钙钛矿太阳能电池的性能。

参考文献

[1] Nguyen H T, Pearce J M. Estimating potential photovoltaic yield with sun and the open source geographical resources analysis support system[J]. Solar Energy, 2010, 84(5): 831-843.

[2] Kojima A, Teshima K, Shirai Y, et al. Organometal halide Perovskites as visiblev-light sensitizers for photovoltaic cells[J]. Journal of the American Chemical Society, 2009, 131: 6050-6051.

[3] 李新利，李丽华，黄金亮，等. 新型钙钛矿太阳能电池研究进展[J]. 现代化工，2016(9): 44-48.

[4] Burschka J, Pellet N, Moon S J, et al. Sequential deposition as a route to high performance Perovskite-sensitized solar cells[J]. Nature, 2013, 499(7458): 316-319.

[5] Zhou H, Chen Q, Li G, et al. Interface engineering of highly efficient Perovskite solar cells. Science, 2014, 345(6196): 542-546.

[6] Yang W S, Park B W, Jung E H, et al. Iodide management in formamidinium-lead-halide-based Perovskite layers for efficient solar cells[J]. Science, 2017, 356(6345): 1376-1379.

[7] Huang P, Kazim S, Wang M K, et al. Toward phase stability: dion-jacobson layered perovskite for solar cells[J]. ACS Energy Lett, 2019, 4(12): 2960-2974.

[8] 席珍珍，王瑞齐，宋志成，等. 钙钛矿太阳能电池研究进展[J]. 现代化工，2019, 39(05): 66-70.

[9] 邱婷，苗晓亮，宋文佳，等. 钙钛矿太阳能电池材料的研究进展[J]. 材料工程，2018, 46(3): 142-150.

[10] 杨晓波，刘凯. 钙钛矿太阳能电池的研究进展[J]. 材料科学与工程学报，2018, 36(01): 142-150.

[11] 张瑞. 界面调控电子传输层应用于高效钙钛矿太阳能电池的研究[D]. 南京：南京邮电大学，2019.

[12] 向俊彦. 三苯胺类结构的空穴传输材料的合成及钙钛矿太阳能电池研究[D]. 石河子：石河子大学，2019.

[13] 张月. 三类有机空穴传输分子光电性质的理论研究[D]. 开封：河南大学，2019.

[14] 何康杰. 钙钛矿太阳能电池研究概述[J]. 中国高新科技，2019(7): 52-54.

[15] Saliba M, Matsui T, Seo J Y, et al. Cesium-containing triple cation perovskite solar cells: Improved stability, reproducibility and high efficiency[J]. Energy & Environmental Science, 2016, 9 (6): 1989.

[16] 贾小娥. 新型聚噻吩类衍生物的设计与合成及其在聚合物/钙钛矿太阳能电池中的应用[D]. 广州：华南理工大学，2019.

[17] 李军. 树枝状螺芴类空穴传输材料的合成与性能研究[D]. 青岛：青岛科技大学，2016.

[18] 王志强. 含噻吩的三苯胺类空穴传输材料的合成、性能及应用[D]. 天津：天津大学，2016.

[19] 李慧. 芳胺类钙钛矿太阳能电池空穴传输材料的设计、合成及电池性能研究. 太原：太原理工大学，2017.

[20] Wang Y K, Yuan Z C, Shi G Z, et al. Dopant-free spiro-triphenylamine fluorene as hole-transporting material for Perovskite solar cells withenhanced efficiency and stability [J]. Advanced Functional Materials, 2016, 26: 1375.

[21] Bi D, Xu B, Gao P, et al. Facile synthesized organic hole transporting material for perovskite solar cell with efficiency of 19.8%[J]. Nano Energy, 2016, 23: 138.

[22] Xu B, Bi D, Hua Y, et al. A low-cost spiro[fluorene-9, 9′-xanthene]-based hole transport material for efficient solid-state dye-sensitized solar cells and perovskite solar cells[J]. Energy & Environmental

Science, 2016, 9 (3): 873.
[23] 张金辉. 螺环类钙钛矿太阳能电池空穴传输材料的合成与性能研究[D]. 大连: 大连海事大学, 2017.
[24] 邹凯义. 非掺杂空穴传输材料的设计、合成以及在钙钛矿太阳能电池中的应用[D]. 苏州: 苏州大学, 2019.
[25] Zhang J, Y Hua, B Xu. The role of 3D molecular structural control in new hole transport materials outperforming Spiro-OMeTAD in perovskite solar cells[J]. Advanced Energy Materials, 2016, 6(19): 1601062.
[26] Molinaontoria A, Zimmermann I, Garciabenito I, et al. Benzotrithiophene-based hole-transporting materials for 18.2% Perovskite solar cells[J]. Angewandte Chemie International Edition, 2016, 55 (21): 6270.
[27] Huang C, Fu W F, Li C Z, et al. Dopant-free hole-transporting material with a c3hsymmetrical truxene core for highly efficient perovskite solar cells[J]. Journal of the American Chemical Society, 2016, 138 (8): 2528.
[28] Saliba M, Orlandi S, Matsui T, et al. Amolecularly engineered hole-transporting material for efficient perovskite solar cells[J]. Nature Energy, 2016, 1(2): 15017.
[29] 蔡俊. 几种有机小分子空穴传输材料的合成及其在钙钛矿太阳能电池中的应用[D]. 厦门: 厦门大学, 2017.
[30] 陈瑞. P型半导体在反式钙钛矿太阳能电池中的应用[D]. 武汉: 武汉理工大学, 2018.
[31] 刘娜. 非线性共轭空穴传输分子的合成及在倒置钙钛矿电池中的应用[D]. 天津: 天津理工大学, 2019.
[32] 赵传武. 三苯胺偶氮化合物的合成及其光电性能研究[D]. 天津: 天津大学, 2017.
[33] 王梦涵, 万里, 高旭宇, 等. D-π-A-π-D型非掺杂小分子空穴传输材料的合成及其在反向钙钛矿太阳能电池中的应用[J]. 化学学报, 2019, 77(08): 741-750.
[34] 赵宁. 联噻吩材料在钙钛矿太阳能电池中的应用[D]. 武汉: 华中科技大学, 2016.
[35] 吴云根. 三苯胺噻吩类空穴传输分子的合成及光伏性能的研究[D]. 天津: 天津理工大学, 2018.
[36] 刘丽媛. 噻吩[3,2-b]吲哚类空穴传输材料的合成以及光伏性能研究[D]. 天津: 天津理工大学, 2019.
[37] 李梦圆. 咔唑类空穴传输材料的合成及在钙钛矿太阳能电池中的应用[D]. 天津: 天津理工大学, 2019.
[38] 罗军生. 钙钛矿太阳能电池空穴传输层和界面的研究[D]. 成都: 电子科技大学, 2019.
[39] 蒋晓庆. 新型铜酞菁衍生物空穴传输材料在钙钛矿太阳能电池中的应用[D]. 大连: 大连理工大学, 2018.
[40] 崔振东. 锌酞菁类空穴传输材料的合成及在钙钛矿太阳电池中的应用[D]. 合肥: 合肥工业大学, 2019.
[41] 张宇辰. P型掺杂有机聚合物应用于钙钛矿太阳能电池[D]. 大连: 大连理工大学, 2017.
[42] 肖玉娟, 何倩楠, 周环宇, 等. 原位聚合聚(3, 4-乙烯二氧噻吩): π共轭聚电解质应用于聚合物太阳能电池空穴传输层[J]. 高分子学报, 2018(2): 257-265.
[43] 杨英, 林飞宇, 朱从潭, 等. 无机钙钛矿太阳能电池稳定性研究进展[J]. 化学学报, 2020, 78(03): 217-231.
[44] 宋志浩, 王世荣, 肖殷, 等. 新型空穴传输材料在钙钛矿太阳能电池中的研究进展. 物理学报, 2015, 64(03): 9-25.
[45] Correa-Baena J P, Abate A, Saliba M, et al. The rapid evolution of highly efficient Perovskite solar

cells[J]. Energy & Environmental Science，2017，10(3)：710-727.
[46] 张贻良. 钙钛矿太阳能电池空穴传输层金属氧化物薄膜的制备及其性能研究[D]. 南昌：南昌大学，2019.
[47] 黄鹏. 基于二维过渡金属硫化物空穴传输层材料的高效 P-I-N 型钙钛矿太阳能电池[C]. 中国化学会高分子学科委员会. 中国化学会 2017 全国高分子学术论文报告会摘要集——主题 H:光电功能高分子. 中国化学会高分子学科委员会：中国化学会，2017：74.
[48] 王云祥. 过渡金属硫化物空穴传输层的钙钛矿太阳能电池应用研究[D]. 成都:电子科技大学，2019.
[49] Neda I，Narges Y N，Siavash A，et al. Polymer/inorganic hole transport layer for low-temperature-processed Perovskite solar cells[J]. MDPI，2020，13(8)：2059.
[50] 李建阳. 基于有机无机杂化钙钛矿太阳能电池稳定性的研究[D]. 成都：电子科技大学，2019.
[51] Shi J，Dong J，Lv S. Hole-conductor-free perovskite or lead iodide heterojunction thin film solar cells：efficiency and junction property[J]. Applied Physics Letters，2014，104(6)：901-904.
[52] 李明华. 高效稳定钙钛矿太阳能电池的吸光层制备及界面调控[D]. 北京：北京科技大学，2019.
[53] 陈海彬. 气相法制备高性能钙钛矿薄膜的工艺研究[D]. 北京：华北电力大学，2019.
[54] 李亮. 杂化钙钛矿的晶体生长动力学及高效率太阳能电池[D]. 北京：北京科技大学，2018.
[55] 付现伟. 提高钙钛矿 $CH_3NH_3PbI_3$ 的稳定性及薄膜器件性能的方法[D]. 济南：山东大学，2018.
[56] 占锐. 卤化铅基钙钛矿单晶系列材料的合成与性能表征[D]. 武汉：华中科技大学，2019.
[57] Wu Y H，Ding Y，Liu X Y，et al. Ambient stable $FAPbI_3$-based perovskite solar cells with a 2D-$EDAPbI_4$ thin capping layer[J]. Science China Materials，2020，63(01)：47-54.
[58] Stranks S D，Snaith H J. Metal-halide perovskites for photovoltaic and light-emitting devices[J]. Nature Nanotechnology，2015，10(5)：391-402.
[59] Zhu J W，He B L，Gong Z K，et al. Grain enlargement and defect passivation with melamine additives for high efficiency and stable $CsPbBr_3$ Perovskite solar cells[J]. Chem Sus Chem，2020，13(7)：1834-1843.
[60] 陈婷，白日胜，徐彦乔，等. 一步法合成 $CsPbBr_3$ 纳米晶及其荧光性能研究(英文)[J]. 陶瓷学报，2020，5(48)：178-183.
[61] Stranks S，Grancini E，Menelaou G. Electronhole diffusion lengths exceeding micrometer in an organometal trihalide perovskite absorber[J]. Science，2013，342：341-344.
[62] Yu H，Wang F，Xie F. The role of chlorine in the formation process of $CH_3NH_3PbI_{3-x}Cl_{(x)}$ Perovskite[J]. Adv Funct Mater，2014，24：7102-7108.
[63] You J，Hong Z，Yang Y. Low-temperature solution-processed Perovskite solar cells with high efficiency and flexibility[J]. ACS Nano，2014，8：1674.
[64] Yang W S，Noh J H，Jeo N J. High-performance photovoltaic Perovskite layers fabricated through intramolecular exchange[J]. Science，2015，348(6240)：1234-1237.
[65] 陈薪羽，解俊杰，王伟，等. 钙钛矿材料组分调控策略及其光电器件性能研究进展[J]. 化学学报，2019，(1)：0567-7351.
[66] Nam J K，Jung M S，Chai S U，et al. Reducing Pb concentration in α-$CsPbI_3$ based Perovskite solar cell materials via alkaline-earth metal doping：A DFT computational study[J]. Phys Chem Lett，2017，8：2936.
[67] Cao B Q，Qiu X F，Yuan S. From unstable $CsSnI_3$ to air-stable Cs_2SnI_6：a lead-free perovskite solar cell light absorber with bandgap of 1.48eV and high absorption coefficient[J]. Sol Energy Mater Sol Cells，2017，159：227-234.

[68] 卢辉东，王金龙，铁生年，等. 无机钙钛矿太阳能电池 Cs_2SnI_6 的电子结构和光学性质的第一性原理研究[J]. 发光学报，2020，41(05)：557-563.
[69] 刘洋. 钙钛矿结构单晶材料的制备和性质研究[D]. 昆明：云南大学，2017.
[70] 陈苗苗. $(CH_3NH_3)_3Bi_2I_9$ 钙钛矿光吸收层薄膜的制备及其性能研究[D]. 武汉：湖北大学，2018.
[71] Wagner R S, Ellis W C. Vapor-liquid-solid mechanism of single crystal growth[J]. Appl Phys Lett, 1964, 4: 89-90.
[72] Morales A M, Lieber C M. A laser ablation method for the synthesis of crystalline semiconductor nanowires[J]. Science, 1998, 279(5348): 208-211.
[73] Huang M H, Mao S, Feick H, et al. Room-temperature ultraviolet nanowire nanolasers[J]. Science, 2001, 292: 1897-1899.
[74] Wagner R S, Doherty C J. Controlled vapor-liquid-solid growth of silicon crystals[J]. J Electrochem Soc, 1966, 113: 1300.
[75] Cappel U B, Daeneke T, Bach U. Oxygen-induced doping of spiro-meotad in solid-state dye-sensitized solar cells and its impact on device performance[J]. Nano Letters, 2012, 12(9): 4925-4931.
[76] Noh J H, Jeon N J, Choi Y C, et al. Nanostructured $TiO_2/CH_3NH_3PbI_3$ Heterojunction Solar Cells Employing Spiro-OMeTAD/Co-Complex as Hole-Transporting Material [J]. Journal of Materials Chemistry A, 2013, 1(38): 11842-11847.
[77] Li Z, Tinkham J, Schulz P, et al. Acid additives enhancing the conductivity of spiro-ometad toward high-efficiency and hysteresis-less planar perovskite solar cells [J]. Advanced Energy Materials, 2017, 7: 160254.
[78] Francis C R, Brookhart M. Energetics of migratory insertion reactions in Pd(Ⅱ) acyl ethylene, alkyl ethylene, and alkyl carbonyl complexes[J]. J Am Chem Soc, 1995, 117: 1137-1138.
[79] Feldman J, McLain S J, Partthasarathy A, et al. Electrophilic metal precursor and a β-diimine ligand for Ni(Ⅱ)- and Palladium(Ⅱ)- catalyzed ethylene polymerization[J]. Organometallics, 1997, 16: 1514-1516.
[80] Small B L, Brookhart M, Bennett A M. Highly active iron and cobalt catalysts for the polymerization of ethylene[J]. J Am Chem Soc, 1998, 120(16): 4049-4050.
[81] George J, Britovsek P, Bruce M, et al. Novel olefin polymerization catalysts based on iron and cobalt [J]. J Chem Soc, 1998, 120(7): 849-850.
[82] Huang C, Liu C, Di Y, et al. Efficient planar perovskite solar cells with reduced hysteresis and enhanced open circuit voltage by using PW_{12}-TiO_2 as electron transport layer[J]. ACS Applied Materials & Interfaces, 2016, 8(13): 8520-8526.
[83] Zhang Y, Tao R, Zhao X, et al. A highly photoconductive composite prepared by incorporating polyoxometalate into Perovskite for photodetection application[J]. Chemical Communications, 2016, 52 (16): 3304-3307.
[84] Sardashti M K, Zendehdel M, Yaghoobi N N, et al. High efficiency $MAPbI_3$ Perovskite solar cell using a pure thin film of polyoxometalate as scaffold layer[J]. Chem Sus Chem, 2017, 10(19): 3773-3779.
[85] Choi Y H, Kim H B, Yang I S, et al. Silicotungstate, a potential electron transporting layer for low-temperature Perovskite solar cells [J]. ACS Applied Materials & Interfaces, 2017, 9 (30): 25257-25264.